贵州省自然保护区
遥感监测成果报告

贵州省自然资源厅　编著

電子工業出版社
Publishing House of Electronics Industry
北京 • BEIJING

内容简介

按照国务院对地理国情监测工作总体部署和测绘地理信息事业转型发展需要，在第一次全国地理国情普查贵州省普查工作完成后，自2016年起，贵州省以每年6月30日为时点，持续开展基础性地理国情监测，主要监测地表覆盖变化，直观反映水草丰茂期地表各类自然资源的变化情况。在符合国家监测规范成果的基础上，分析选择了适合自然保护区监测的指标体系，开展了以保护区为单元的监测和基本统计工作。本书根据2017—2019年度基础性地理国情监测成果和相关专题信息，选择了贵州省行政区范围内的15个国家级和省级自然保护区为监测对象，监测统计形成报告、生成图表，组成全书内容。全书共分四章，第1章绪论，第2章国家级自然保护区，第3章省级自然保护区，第4章结束语。第2章与第3章是本书的核心内容，以独立的自然保护区为统计单元，依照保护区概况、地形、植被、水域、荒漠与裸露地、人工堆掘地、交通网络、居民地与设施等的顺序安排，按照相应的地理国情基本统计指标和统计流程，生成相应的统计报表，形成相应的统计数据，用图、表的形式表达基本统计成果内容。

图书在版编目（CIP）数据

贵州省自然保护区遥感监测成果报告 / 贵州省自然资源厅编著．—北京 ：电子工业出版社，2022.7

ISBN 978-7-121-43632-1

Ⅰ．①贵…　Ⅱ．①贵…　Ⅲ．①遥感技术－应用－自然保护区－环境监测－研究报告－贵州　Ⅳ．① S759.992.73

中国版本图书馆CIP数据核字（2022）第094432号

责任编辑：李　敏　　文字编辑：徐　萍
印　　刷：北京盛通印刷股份有限公司
装　　订：北京盛通印刷股份有限公司
出版发行：电子工业出版社
　　　　　北京市海淀区万寿路173信箱　　邮编：100036
开　　本：720×1 000　1/16　印张：13.5　　字数：251千字
版　　次：2022年7月第1版
印　　次：2022年7月第1次印刷
定　　价：198.00元

凡所购买电子工业出版社图书有缺损问题，请向购买书店调换。若书店售缺，请与本社发行部联系，联系及邮购电话：（010）88254888，88258888。

质量投诉请发邮件至 zlts@phei.com.cn，盗版侵权举报请发邮件至 dbqq@phei.com.cn。

本书咨询联系方式：limin@phei.com.cn。

前言

根据《国务院关于开展第一次全国地理国情普查的通知》（国发〔2013〕9号）、《省人民政府办公厅关于印发贵州省第一次全国地理国情普查实施方案的通知》（黔府办发〔2013〕54号）要求，贵州省第一次全国地理国情普查于2013年10月31日正式启动。

贵州省自然资源厅组织完成了贵州省第一次全国地理国情普查，全面查清了贵州省各类地理国情要素的现状和空间分布，掌握了贵州省地理国情“家底”。

按照国务院对地理国情监测工作总体部署和测绘地理信息事业转型发展需要，自2016年起，贵州省以每年6月30日为时点，持续开展地理国情监测，主要监测地表覆盖变化，直观反映水草丰茂期地表各类自然资源的变化情况。地理国情监测采用内外业结合的方法开展，以统一提供的上一年监测成果数据为监测本底，结合第一次全国地理国情普查和年度监测成果数据，基于当年监测期遥感影像数据，识别变化区域，采用遥感影像解译、变化信息提取、数据编辑与整理、外业调查等技术与方法，充分利用已经收集的解译样本数据辅助内业解译，采集变化信息，结合多行业专题数据和外业调查成果，对本底数据进行更新。

2017年10月19日，习近平总书记在参加党的十九大贵州省代表团讨论时指出：“希望贵州的同志全面贯彻落实党的十九大精神，大力培育和弘扬团结奋进、拼搏创新、苦干实干、后发赶超的精神，守好发展和生态两条底线，创新发展思路，发挥后发优势，决战脱贫攻坚，决胜同步小康，续写新时代贵州发展新篇章，开创百姓富、生态美的多彩贵州新未来。”

2018年5月，贵州省委常委会第55次会议要求贵州省自然资源厅牵头，会同省直有关部门，对全省自然保护区开展遥感监测工作，建设贵州省地形地貌、土地资源及自然保护区遥感监测系统，实现监测成果“信息共享、互联互通”。

为深入贯彻落实党的十九大精神和习近平总书记在贵州省代表团重要讲话精神，落实贵州省领导的指示，贵州省自然资源厅牢记嘱托，发扬新时代贵州精神，在厅领导的带领下，由贵州省自然资源厅项目管理处（现国土测绘处）组织开展了每年持续开展的贵州省地形地貌、土地资源、自然保护区遥感监测工作。

本书基于上述背景，收集整理了2017年贵州省地理国情本底监测成果，2018—2019年度贵州省地形地貌、土地资源、自然保护区遥感监测成果，数字高程模型、三个年度的高分辨率卫星遥感影像，利用贵州省林业局提供的范围线矢量文件，完成了自然保护区三个年度的监测数据库成果，通过《地理国情普查基本统计软件系统v1.2》进行统计分析，获取三个年度自然保护区地表自然和人文地理要素统计成果，之后编制图表并完成了本书编写。

本书统计发布了自然保护区范围内三个年度地表自然和人文地理要素的监测内容：一是自然地理要素的基本情况，包括地形地貌、植被覆盖、水域、荒漠与裸露地等的类别、位置、范围、面积等地理信息及其空间分布状况；二是人文地理要素的基本情况，包括与人类活动密切相关的铁路与道路、居民地与设施、水体等的类别、位置、范围、面积等地理信息及其空间分布现状。本书可服务于自然保护区范围内耕地种植状况监测，生态保护修复效果评价，督察执法监管，以及自然资源管理宏观分析等自然资源管理工作，并可为各部门和地方政府的决策提供信息支撑。

目 录

第1章 绪　论

1.1 背景与意义

自然保护区，是指对有代表性的自然生态系统、珍稀濒危野生动植物物种的天然集中分布区、有特殊意义的自然遗迹等保护对象所在的陆地、陆地水体或者海域，依法划出一定面积予以特殊保护和管理的区域。自然保护区分为国家级自然保护区和地方级自然保护区。

人类活动和工业化过程已使地球环境严重恶化，也给未来埋下了诸多隐患和危机。自然保护区的建设和保护显然对于保护自然资源和生物多样性、维持生态平衡和促进国民经济可持续发展都具有重要意义。

为了加强自然保护区的建设和管理，保护自然环境和自然资源，我国制定了《中华人民共和国自然保护区条例》（以下简称《条例》）。《条例》的第四条明示了国家采取有利于发展自然保护区的经济、技术政策和措施，将自然保护区的发展规划纳入国民经济和社会发展计划。《条例》的第二十二条规定了自然保护区管理机构有六项主要职责，其中第二项职责是制定自然保护区的各项管理制度，统一管理自然保护区；第三项职责是调查自然资源并建立档案，组织环境监测，保护自然保护区内的自然环境和自然资源。

自然保护区的主要职能是保护珍稀濒危动植物和典型原生森林生态系统，统一管理保护区内的自然环境和自然资源，统筹安排保护区的开发、建设、利用。

2013—2015 年贵州省自然资源厅组织完成了贵州省第一次全国地理国情普查，拉开了贵州省地理国情监测的序幕。自 2016 年起，贵州省每年开展常态化基础性地理国情监测。监测工作通过利用每年的高分辨率航空航天遥感影像，整合最新的基础地理信息数据及民政、国土、交通、水利、农业、林业等最新版专题数据，对上一年度的地理国情监测成果进行更新，形成现势性强、精度高、覆盖全的年度地理国情信息数据库，以及系列统计成果，为各部门提供地理国情信息决策支撑，为生态文明体制改革、民生保障、应急救灾、重大国情国力调查等工作提供统一的地理空间信息基底。

地理国情监测体系重在反映地表自然营造物和人工建筑物的自然属性或状况，一般不侧重于社会属性，作为自然保护区现状监测指标体系较其他综合性调查成果更合理。基于上述背景，本书对贵州省行政区域范围内划定的自然保护区进行监测与统计，在地理国情监测体系下，从自然和人文两个角度中选取能反映自然保护区及其内部人工活动的指标进行统计分析展示，旨在科学揭示资源、生态、环境、人口、经济、社会等要素在地理空间上相互作用、相互影响的内在关系，为准确掌握和科学分析自然保护区的承载能力和发展潜力，编制贵州省自然保护区的发展规划，制定和实施贵州省自然保护区各项管理制度，整体保护、系统修复、综合治理贵州省自然保护区等有效执行《条例》提供基础地理数据支撑；为有效应对各种风险和挑战，推进解决各种深层次矛盾和问题等提供重要依据；为贵州省自然保护区持续开展专项监测及调查统计工作提供重要基础；为推进贵州省生态环境保护、建设资源节约型和环境友好型社会提供重要支撑。

1.2 监测内容与方法

本书以贵州省境内自然保护区为主要监测对象，收集处理了自然保护区相关数据、范围界线、基础性地理国情监测数据库成果、数字高程模型等资料，确定了能反映自然保护区土地资源监测的内容指标体系，经数据预处理及数据统计工作，统计了包括长度、面积、面积占比、面积构成比等数据成果，在本书中，通过文字、图、表的方式进行展示。

1.2.1 基础性地理国情监测技术路线

基础性地理国情监测按照“内业为主、外业为辅”的原则，采用“内—外—内”作业方式开展监测工作。以覆盖任务区的多源航空航天遥感影像数据作为主要数据源，利用统一提供的上一年基础性监测成果数据作为本年度监测本底数据，结合第一次全国地理国情普查成果和收集的各类行业专题数据，采用遥感影像解译的方法进行变化信息采集和编辑，必要时对内业无法获取和难以识别的区域辅以外业调查，实现基础性地理国情变化信息的快速、准确获取，形成本年度的地表覆盖与地理国情要素监测变化信息成果，完成空间数据库建库工作。

年度基础性地理国情监测总体技术路线如图 1.2.1 所示。

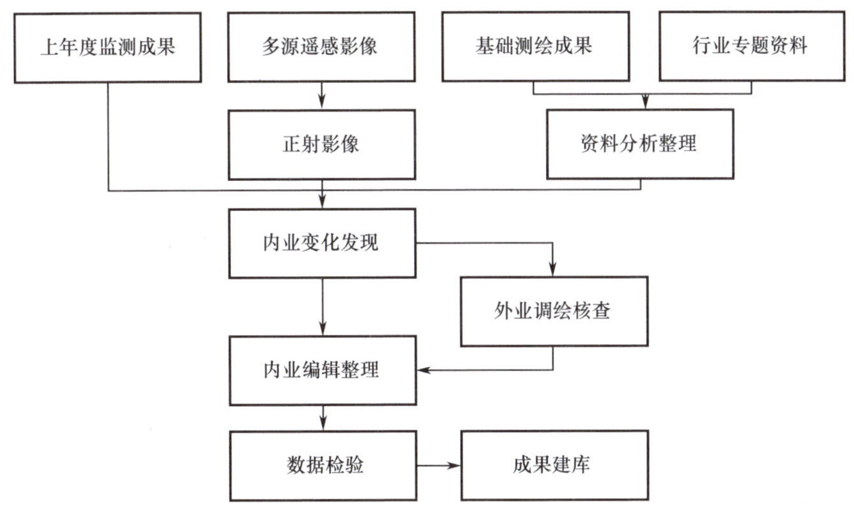

图 1.2.1　年度基础性地理国情监测总体技术路线

1.2.2　监测成果主要技术指标和规格

1. 数学基础

大地基准：2000 国家大地坐标系。

投影方式：高斯—克吕格投影。

分带方式：6° 分带（不加带号）。

高程基准：1985 国家高程基准。

2. 精度要求

按 1∶10000 地形图成图精度要求，中误差优于 7.5 米。

3. 影像分辨率

根据基础影像数据源的情况，数字正射影像数据的地面分辨率采用 0.5 米、1.0 米和 2.0 米三种规格。

4. 数据采集平面精度要求

数据成果的整体平面精度水平取决于正射影像精度和数据采集精度两个因素。在合格正射影像的基础上，影像上分界明显的地表覆盖分类界线和地理国情要素的边界及定位点的采集精度控制在 5 像素以内。特殊情况，如高层建筑物遮挡、阴影等，采集精度原则上控制在10像素以内。由于摄影时存在侧视角，具有一定高度的地物在影像上产生的移位差需要处理，以符合采集精度要求。因普查影像精度原因造成的监测成果与上一年度监测成果的偏差，符合一定限差要求的，当年未进行精度修正。

5. 地表覆盖分类精度

在没有明显分界线的过渡地带内或分类指标不易精确测算导致归类困难的，地表覆盖分类数据中的图斑应至少保证符合上级类型的归类要求。种植土地、林草覆盖类图斑应确保一级类正确，如果通过影像发现原有种植土地、林草覆盖类图斑有明显变化，但难以确定是否发生跨一级类变化的，则通过外业核查等方式确定变更后的具体类型。分类和采集指标在本底数据基础上有细化要求的类别，则在本地数据的基础上进行细化更新。因普查期影像精度不够造成的明显一级分类错误，应尽量修改正确，且修改结果应交由外业确认核实；但对内业难以判断的可不做修改。

6. 数据现势性

监测成果数据整体现势性达到当年6月30日。

1.2.3 自然保护区监测内容与方法

1. 自然保护区监测指标体系

本书选取的监测指标体系主要参考地理国情监测指标及分类体系，综合考虑自然保护区监测的需求和可行性，分类对象主要包括地表形态、地表覆盖和地理国情要素三类。

地表形态数据可以反映各保护区地形及地势特征，也间接反映保护区的地貌形态。

地表覆盖分类信息反映地表自然营造物和人工建筑物的自然属性或状况。地表覆盖不同于土地利用，一般不侧重于土地的社会属性（人类对土地的利用方式和目的意图），在保护区监测指标选择中，直接沿用地理国情监测指标。

地理国情要素信息主要反映与社会生活密切相关、具有较稳定的空间范围或边界、具有或可以明确标识、有独立监测和统计分析意义的重要地物及其属性。在地理国情监测体系下，本书选择侧重于对自然保护区及其内部人类活动监测有体现的河流、湖泊、库塘、道路等地理国情要素实体。没有选择在更大尺度（一般在省域、国家空间尺度）上统计的如社会经济区域单元、自然地理

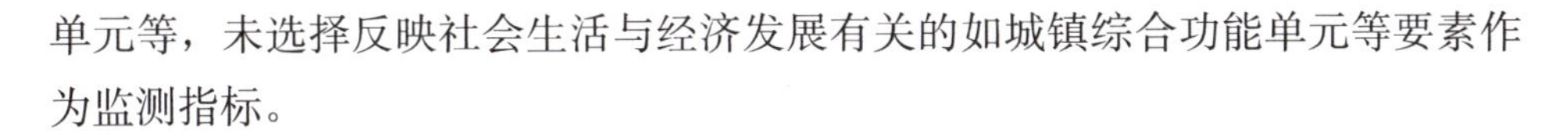

单元等，未选择反映社会生活与经济发展有关的如城镇综合功能单元等要素作为监测指标。

2. 监测与统计

以保护区范围界线提取验收后的地理国情监测空间数据库成果，统一坐标、统一格式、统一数据成果命名等，形成自然保护区范围内的监测成果。数据内容包含地表覆盖、地理国情要素（水系线、水系面、公路线、铁路线、乡村道路线等要素）；以保护区范围界线提取数字高程模型（地形的计算机表示方法），以及按 10 米格网统计的坡度值。利用《地理国情普查基本统计软件系统 v1.2》，以自然保护区“保护区—功能分区”的空间组织关系开展统计工作。

统计总体流程分为数据预处理、统计单元提取、统计配置、统计计算、统计成果生成五个部分。

- 数据预处理。在监测成果空间数据库的基础上，进行要素几何中心提取、要素类型完整化处理、数字高程模型数据预处理、高程带和坡度带提取、规则地理格网数据处理等。
- 统计单元提取与统计配置。根据保护区统计对象，以保护区空间范围配置统计单元，完成统计单元与监测数据的匹配。
- 统计计算。基于统计单元的各类型面积、长度、占比等数据的统计计算，包括对地形、植被覆盖、水域、荒漠与裸露地、人工堆掘地、交通网络、居民地与设施等，形成统计报表。
- 统计成果生成。基本统计成果的数学基础与基础性地理国情监测空间数据库规定相同，统计计算长度单位采用米，面积单位采用平方米，在汇总表中，长度单位采用千米，面积单位采用公顷，保留到小数点后两位。占比、构成比等无量纲数字，保留到小数点后两位。

1.2.4 资料情况

1. 自然保护区资料

自然保护区范围线矢量文件由原贵州省林业厅（现贵州省林业局）提供，截止时间为 2018 年 8 月 31 日。除对数据进行坐标投影变换外，未进行其他处理。

贵州省行政区域范围内自然保护区名录共收集到 119 个保护区，其中国家级自然保护区 11 个，省级自然保护区 7 个，地市级自然保护区 16 个，县级自然保护区 85 个。

受收集的资料限制，本书仅统计和展示了贵州省行政区划范围内9个国家级自然保护区（“赤水桫椤国家级自然保护区”“长江上游珍稀特有鱼类国家级自然保护区”因未收集到相关资料而没有进行统计和展示）、6个省级自然保护区监测的对象及内容。

2. 数字高程模型

覆盖监测区域的贵州省第一次全国地理国情普查的1：50000分幅数字高程模型，数据格式为GRID，格网间距10米，现势性为2014年，坐标系为2000国家大地坐标系，高斯—克吕格投影，6°分带，高程基准为1985国家高程基准。

3. 遥感影像

监测区域2017—2019年度可用于监测期影像生产资料来源为基础性地理国情监测专项下发的卫星影像，主要卫星源包括高分一号、高分二号、天绘一号、资源三号、高景一号、Worldview（美国）、Pléiades（法国）、KompSat-3（韩国）等，影像数据均为高分辨率光学卫星影像。

1.2.5 成果内容

本书主要展示三个年度监测时间段内的地形、地表覆盖、地理国情要素实体三个大类的监测及统计成果。以最新年度（2019年度）为主要数据，用图、表的形式展示自然保护区的各项监测指标，以反映保护区内的地形、地表覆盖、地理国情要素实体全貌，同时，对地表覆盖类型及要素的长度、面积等的变化进行展示。

在内容展示时，考虑到读者阅读习惯和理解上的方便，会将监测中分散在三个大类中互为关联的内容放到一起进行表述。例如，将总体地表覆盖情况与保护区概况一同描述；将地表覆盖、地理国情要素实体中的水域部分合并为水域章节；将地表覆盖中的道路面积、地理国情要素实体中的公路、铁路等的里程监测合并为交通网络章节；将房屋建筑区、构筑物合并表述为居民地与设施。

在内容组织上，以每个保护区为独立的章节，首先介绍保护区的基本概况，重点介绍了保护区的位置、面积等地理要素，展示了卫星影像图、保护区全域的地表覆盖、地形等信息。然后分类说明。植被，展示了监测指标上的植被，包含种植土地和林草覆盖的分布及面积、占比、构成比统计信息；水域，展示了保护区内的自然地表水、水体要素实体两个监测指标的分布及长度、面积、占比和变化情况统计；荒漠与裸露地，展示了保护区内的荒漠与裸露地的面积、占比及变化情况；人工堆掘地，展示了保护区内的人工堆掘地面积、占比及变化情况；交通网络，展示了保护区内的交通网络里程统计、分布及变化情况，道路面积的大小、占比及变化情况；居民地与设施，展示了保护区内反映人类活动的房屋建筑、构筑物两个监测指标的面积、分布及变化情况。

1.3 定义与指标说明

（1）**核心区**：自然保护区内划定的保存完好的天然状态的生态系统及珍稀、濒危动植物的集中分布地，禁止任何单位和个人进入；除依照《中华人民共和国自然保护区条例》第二十七条的规定经批准外，也不允许进入从事科学研究活动的区域。

（2）**缓冲区**：核心区外围一定范围内划定的区域，只允许进入从事科学研究观测活动。

（3）**实验区**：缓冲区外围划为实验区，可以进入从事科学试验、教学实习、参观考察、旅游，以及驯化、繁殖珍稀、濒危野生动植物等活动。

（4）**种植土地**：指经过开垦种植粮农作物及多年生木本和草本作物，并经常耕耘管理、作物覆盖度一般大于 50% 的土地。包括熟耕地、新开发整理荒地、以农为主的草田轮作地；各种集约化经营管理的乔灌木、热带作物及果树种植园、苗圃、花圃等。

（5）**林草覆盖**：指实地被树木和草连片覆盖的地表。包括乔木、灌木、竹类等多种类型，以顶层树冠的优势类型区分该类下级各类类型；包括草被覆盖度在 5% ～ 10% 以上的各类草地，含林木覆盖度在 10% 以下的灌丛草地和疏林草地。

（6）**水域**：从地表覆盖角度，指被液态和固态水覆盖的地表；从地理要素实体角度，指水体较长时期内消长和存在的空间范围。

（7）**水域（覆盖）**：指河流、常年有水的水渠、湖泊、水库、坑塘、海面中的液态水覆盖的范围，统一归为一种覆盖类型。

（8）**河流**：指实地长度大于 500 米的所有时令河、常年河及实地长度大于 1000 米的干涸河，不含起伏较大的山地地区实际长度小于 5000 米、比降大于 10 米、平时无水的山洪沟。

（9）**水渠**：从地表覆盖角度，指水渠中的水，或无水出露作为输水设施的渠道无植被覆盖的硬化部分；从地理实体要素的角度，指渠堤合围而成的带状或线状水道。

（10）**湖泊**：湖盆及其承纳的水体。

（11）**库塘**：人工形成的面状水体。

（12）**水库**：在河道、山谷、低洼地及地下透水层修建挡水坝或堤堰、隔水墙形成集水的人工湖。

（13）**坑塘**：人工开挖或天然形成的面积较小的面状水体。

（14）**荒漠与裸露地**：指植被覆盖度长期低于10%的各类自然裸露的地表。不包括人工堆掘、夯筑、碾（踩）压形成的裸露地表或硬化地表。

（15）**铁路与道路**：从地表覆盖角度，包括有轨和无轨的道路路面覆盖的地表。

（16）**道路面积**：指有轨和无轨的道路路面覆盖的地表，包括无植被覆盖、经硬化的路堤、路堑在内的范围的面积。

（17）**铁路**：火车的行车线路，采集铁路正线的中心线，统计为里程。

（18）**公路**：连接城市之间的道路，又称城际公路，包括国道、省道、县道、乡道、专用公路及公路之间的连接道。

（19）**城市道路**：连接城市内部空间单元的道路。面积大于1平方千米的居民地范围内的道路算作城市道路。

（20）**乡村道路**：村与村、村与外部路网、城际公路之间起连接作用且未纳入管理等级的通车道路，主要包括未纳入管理等级的机耕路、乡村路等。经过沥青、混凝土和碎石铺面处理过的道路视作农村硬化道路，非硬化乡村道路为机耕路。

（21）**房屋建筑区**：房屋建筑一般指上有屋顶，周围有墙，能防风避雨、御寒保温，供人们在其中工作、生产、生活、学习、娱乐和储藏物资，并具有固定基础，层高一般在2.2米以上的永久性场所。

（22）**构筑物**：为某种使用目的而建造的、人们一般不直接在其内部进行生产和生活活动的工程实体或附属建筑设施。

（23）**人工堆掘地**：被人类活动形成的弃置物长期覆盖或经人工开掘、正在进行大规模土木工程而出露的地表。

（24）**露天采掘场**：露天开采对原始地表破坏后长期出露形成的地表，如露天采掘煤矿、铁矿、铜矿、稀土、石料、沙石及取土等活动人工形成的裸露地表。

（25）**建筑工地:** 自然地表被破坏，正在进行土木建筑工程施工的场地区域。

（26）**其他人工堆掘地：** 指上述分类体系中未分类的人工堆掘地。

（27）**面积：** 地球表面是一个曲面，通过定义一个大小和形状同地球极为接近的旋转椭球体，通常由一个扁率很小的椭圆绕其短轴旋转而成，是一个纯数学表面，称为地球椭球面。本书采用 CGCS2000 作为参考椭球面，此处的面积为参考椭球面的椭球面面积，在本书中无特殊说明，面积均为椭球面面积。

（28）**长度：** 地球表面是一个曲面，通过定义一个大小和形状同地球极为接近的旋转椭球体，通常由一个扁率很小的椭圆绕其短轴旋转而成，是一个纯数学表面，称为地球椭球面。本书采用 CGCS2000 作为参考椭球面，沿地球椭球面计算出的两点之间最短距离即为这两点构成的空间线长度，称为椭球长度，无特殊说明，本书所指长度均为椭球长度。

（29）**植被覆盖面积：** 根据遥感影像及实地核查的植被要素占有或覆盖的空间面积。

参考资料

[1] 中华人民共和国自然保护区条例（2017 年修订）.

[2] 地理国情普查基本统计报告编写规定（GDPJ 16—2015）.

[3] 地理国情普查基本统计技术规定（GDPJ 02—2013）.

[4] 基础性地理国情监测内容与指标（GQJC 03—2018）.

第2章 国家级自然保护区

2.1 国家级自然保护区概况

贵州省境内共有 11 个国家级自然保护区，因自然保护区资料局限，除“赤水桫椤国家级自然保护区”和“长江上游珍稀特有鱼类国家级自然保护区”未收集到资料，共计完成监测统计工作的保护区有 9 个，空间上分布在遵义市（3 个）、毕节市（1 个）、铜仁市（3 个）、黔东南苗族侗族自治州（1 个）、黔南布依族苗族自治州（1 个），合计土地面积 275804.39 公顷 [1]，占全省土地面积的 1.57%，如表 2.1.1 所示。

表 2.1.1　国家级自然保护区所在地、保护对象及监测面积

名　　称	所 在 地	保 护 对 象	监测面积 / 公顷
贵州佛顶山国家级自然保护区	铜仁市	森林生态系统	15199.98
贵州草海国家级自然保护区	毕节市	黑颈鹤等珍稀鸟类及高原湿地生态系统	12005.04
贵州大沙河国家级自然保护区	遵义市	银衫和黑叶猴及其栖息地	26988.86
贵州梵净山国家级自然保护区	铜仁市	黔金丝猴、珙桐等珍稀野生动植物及其原生森林生态系统	42858.76
贵州宽阔水国家级自然保护区	遵义市	中亚热带常绿阔叶林森林生态系统和珍稀野生动植物	26152.04
贵州雷公山国家级自然保护区	黔东南苗族侗族自治州	秃杉等珍稀植物及森林生态系统	47744.71
贵州茂兰国家级自然保护区	黔南布依族苗族自治州	亚热带喀斯特森林生态系统及珍稀野生动植物资源	21285.39
贵州习水中亚热带常绿阔叶林国家级自然保护区	遵义市	常绿阔叶林森林生态系统和珍稀野生动植物	51895.47
贵州麻阳河国家级自然保护区	铜仁市	黑叶猴及其栖息地	31674.14

国家级自然保护区中，以森林生态系统类型为主，林草覆盖是主要土地资源类型，总面积 248805.88 公顷，占国家级保护区总土地面积的 90.21%；种植土地面积 21101.12 公顷，占国家级保护区总土地面积的 7.65%。

注1：中国土地面积法定单位为亩。在自然保护领域，则多以公顷为单位，本书延用了此“惯例”，1公顷=15亩，特注。

2.2 贵州佛顶山国家级自然保护区

2.2.1 保护区概况

贵州佛顶山国家级自然保护区位于贵州省东北部、石阡县西南部，东邻镇远县，南与施秉县县级佛顶山自然保护区相邻，地跨坪山、甘溪、中坝三个乡镇（街道），佛顶山处于武陵山脉与苗岭山脉主峰间，扮演着重要的生物扩散廊道角色，是乌江重要支流龙川河、余庆河的河源区，黔东重要的水源涵养林区。佛顶山地带性植被为中亚热带东部湿润性常绿阔叶林，其植被群落组成、数量特征、空间结构、群落动态及与环境的相互关系，在物质循环、能量流动中的功能等方面保留有较强的原生性。保护区珍稀濒危植物种类丰富，据 2011 年科考调查，有野生种子植物 164 科 653 属 1606 种，各类珍稀濒危与野生保护植物约 40 种，脊椎动物与昆虫共 185 科 806 种（亚种）。

保护区总面积 15199.98 公顷，其中核心区面积 5528.56 公顷，占保护区总面积的 36.37%，缓冲区面积 4325.16 公顷，占保护区总面积的 28.46%，实验区面积 5346.26 公顷，占保护区总面积的 35.17%，保护区范围东西长度 20.60 千米，南北长度 16.17 千米，最高海拔 1857.30 米，最低海拔 548.60 米。保护区功能分区示意图如图 2.2.1 所示。

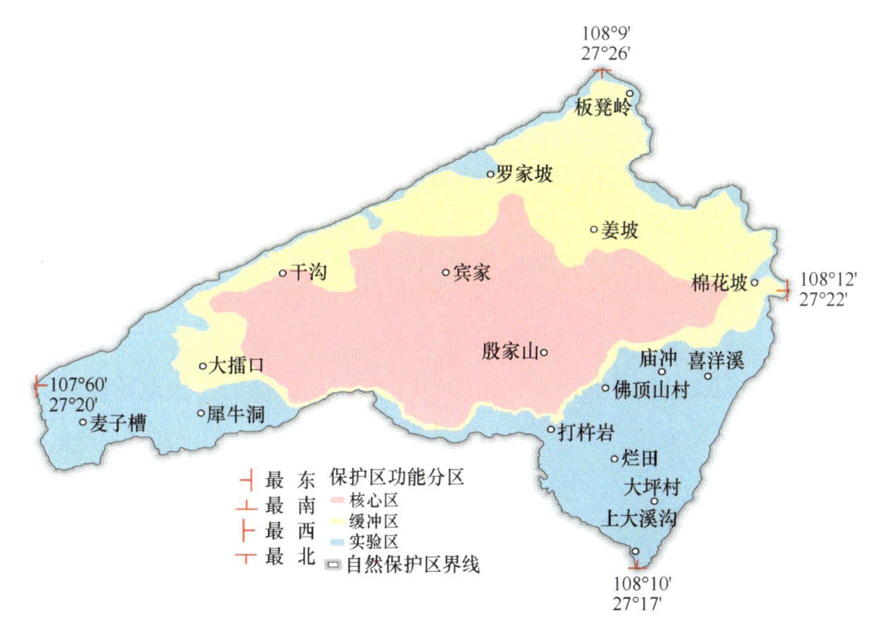

图 2.2.1　保护区功能分区示意图

保护区卫星影像图是利用高分一号卫星影像制作的，时相为 2020 年 4 月，影像如图 2.2.2 所示。

图 2.2.2 保护区卫星影像图

保护区范围内分布有种植土地、林草覆盖、房屋建筑区、铁路与道路、构筑物、人工堆掘地、荒漠与裸露地、水域（覆盖）8 个一级类。保护区种植土地覆盖面积 1126.49 公顷，占比 7.41%；林草覆盖面积 13935.49 公顷，占比 91.68%；房屋建筑区覆盖面积 50.62 公顷，占比 0.33%；铁路与道路覆盖面积 44.65 公顷，占比 0.29%；构筑物覆盖面积 6.92 公顷，占比 0.05%；人工堆掘地覆盖面积 2.48 公顷，占比 0.02%；荒漠与裸露地覆盖面积 15.77 公顷，占比 0.10%；水域覆盖面积 17.56 公顷，占比 0.12%。保护区的地表覆盖面积及占比如表 2.2.1 所示，地表覆盖分布如图 2.2.3 所示。

表 2.2.1 地表覆盖统计表

地表覆盖类别	面积 / 公顷	占比 /%
种植土地	1126.49	7.41
林草覆盖	13935.49	91.68

（续表）

地表覆盖类别	面积 / 公顷	占比 /%
房屋建筑区	50.62	0.33
铁路与道路	44.65	0.29
构筑物	6.92	0.05
人工堆掘地	2.48	0.02
荒漠与裸露地	15.77	0.10
水域（覆盖）	17.56	0.12
合计	15199.98	100.00

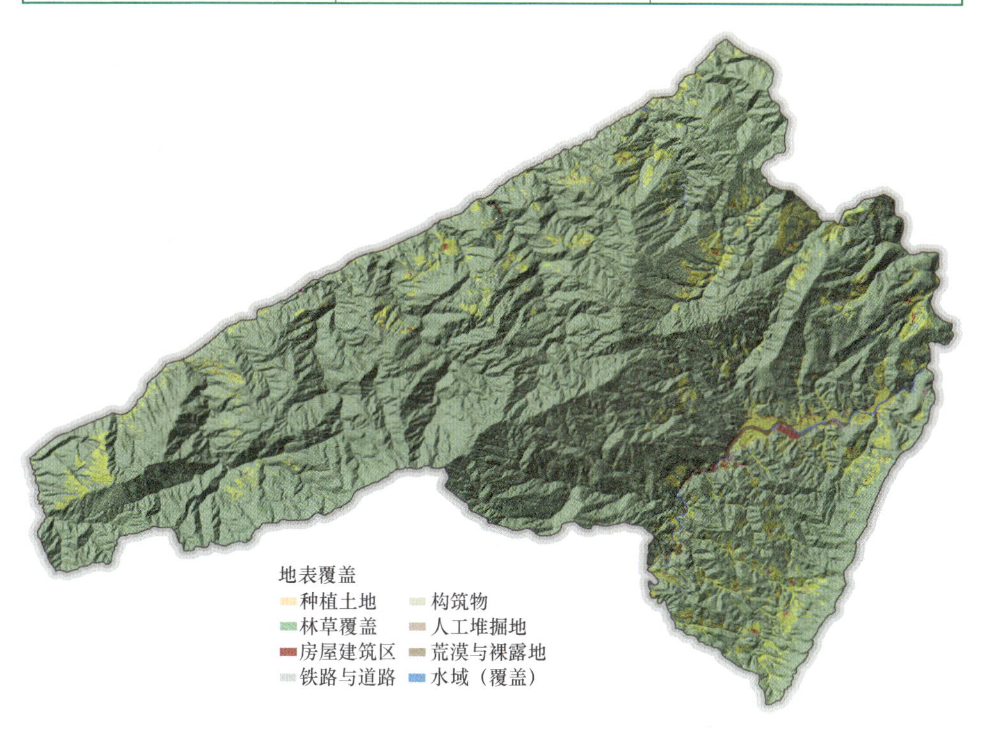

图 2.2.3　地表覆盖分布图

2.2.2　地形

1. 高程信息

将保护区范围内高程划分为 5 级，在 500 ～ 1500 米内的各个分级面积分布较均匀。整个保护区范围内地貌特征为中间高，向四周逐渐降低。保护区高程分级的面积及占比如表 2.2.2 所示，高程分级分布如图 2.2.4 所示。

表 2.2.2　高程分级面积及占比统计表

高程分级 / 米	面积 / 公顷	占比 /%
500 ～ 800	3544.30	23.32
800 ～ 1000	3846.75	25.31
1000 ～ 1200	3749.17	24.67
1200 ～ 1500	3556.69	23.40
1500 ～ 2000	503.07	3.31
合计	15199.98	100.00

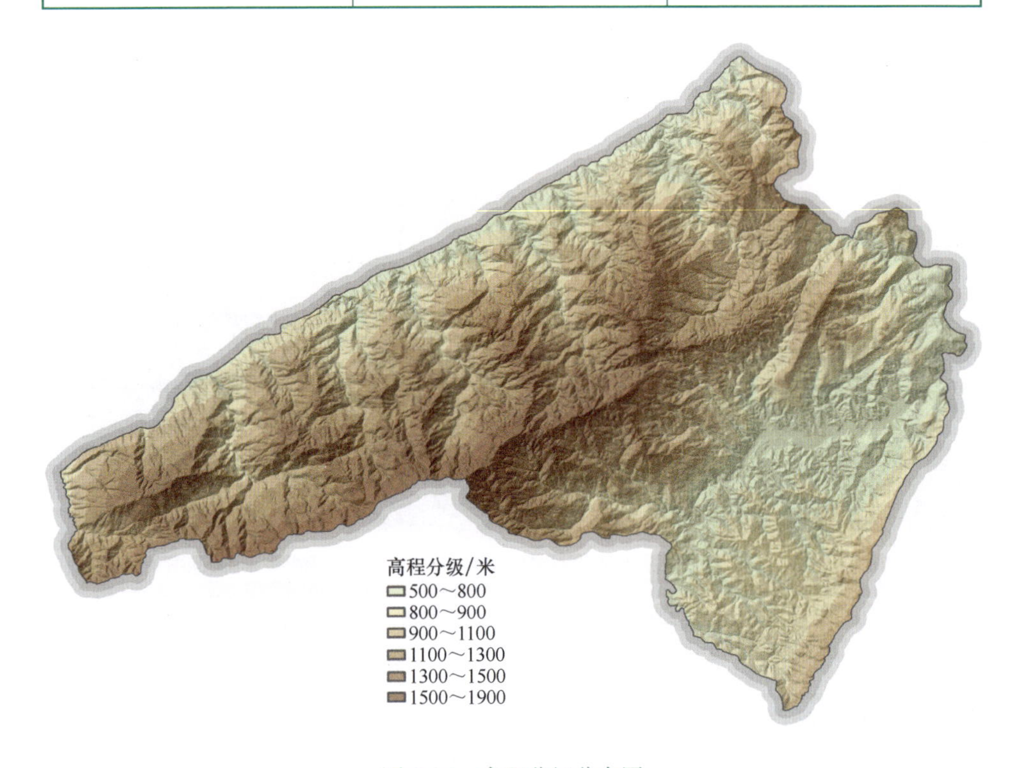

图 2.2.4　高程分级分布图

2．坡度信息

将保护区范围内坡度分为 10 级，整个保护区坡度在 25° ～ 35° 的面积为 5621.83 公顷，占总面积的 36.99%；坡度在 35° 及以上的面积为 4208.36 公顷，占总面积的 27.69%；坡度在 15° 以下的面积合计占比仅为 8.22%。保护区坡度分级面积及占比如表 2.2.3 所示，坡度分级分布如图 2.2.5 所示。

表 2.2.3　坡度分级面积及占比统计表

坡度分级	面积 / 公顷	占比 /%
0°～2°	10.80	0.07
2°～3°	18.07	0.12
3°～5°	68.29	0.45
5°～6°	47.28	0.31
6°～8°	128.14	0.84
8°～10°	175.86	1.15
10°～15°	802.10	5.28
15°～25°	4119.25	27.10
25°～35°	5621.83	36.99
≥35°	4208.36	27.69
合计	15199.98	100.00

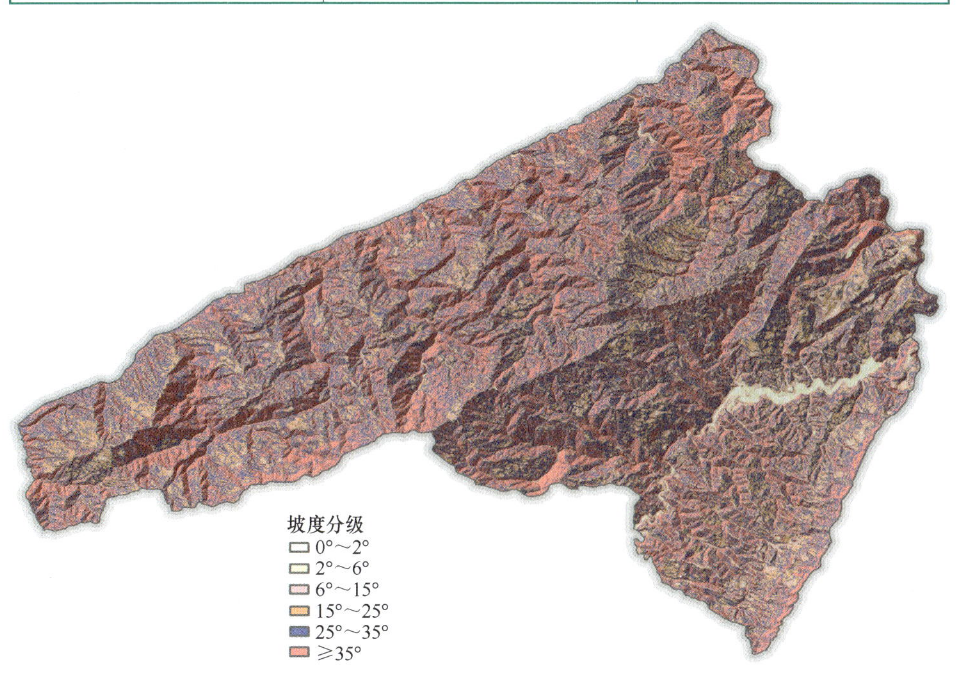

图 2.2.5　坡度分级分布图

2.2.3　植被

保护区植被覆盖面积 15061.98 公顷，占保护区总面积的 99.09%。植被包括种植土地、林草覆盖两个大类。其中，林草覆盖的比例为 91.68%，种植土地包含水田、旱地、果园、乔灌果园、茶园和其他经济苗木，占比 7.41%。植被面积、占比和构成比的统计如表 2.2.4 所示。

表 2.2.4 植被统计表

功能分区	植被覆盖类型	面积 / 公顷	占比 /%	构成比 /%
核心区	种植土地	85.31	1.54	1.54
	林草覆盖	5440.20	98.40	98.46
	合计	5525.51	99.94	100.00
缓冲区	种植土地	364.53	8.43	8.48
	林草覆盖	3932.71	90.93	91.52
	合计	4297.24	99.36	100.00
实验区	种植土地	676.65	12.66	12.92
	林草覆盖	4562.58	85.34	87.08
	合计	5239.23	98.00	100.00
保护区全域	种植土地	1126.49	7.41	7.48
	林草覆盖	13935.49	91.68	92.52
	合计	15061.98	99.09	100.00

表 2.2.5 是保护区 2017—2019 年三个年度的植被覆盖变化情况。从统计表中可以看出，种植土地 2018 年度较 2017 年度增加了 0.52 公顷，2019 年度较 2018 年度减少了 1.46 公顷；林草覆盖 2018 年度较 2017 年度减少了 1.14 公顷，2019 年度较 2018 年度减少了 0.88 公顷，呈缓慢减少趋势。

表 2.2.5 植被覆盖变化监测统计表

地表覆盖类别	监测年度	面积 / 公顷	较上年度变化 / 公顷
种植土地	2017 年	1127.43	—
	2018 年	1127.95	0.52
	2019 年	1126.49	–1.46
林草覆盖	2017 年	13937.51	—
	2018 年	13936.37	–1.14
	2019 年	13935.49	–0.88

2.2.4 水域

1. 水域（覆盖）

保护区水域（覆盖）总面积 17.56 公顷，其中实验区面积达 15.29 公顷，占整个保护区水域（覆盖）的 87.07%。水域（覆盖）面积及占比如表 2.2.6 所示，水域分布如图 2.2.6 所示。

表 2.2.6　水域（覆盖）统计表

功 能 分 区	面积 / 公顷	占比 /%
核心区	—	—
缓冲区	2.27	0.05
实验区	15.29	0.29
保护区全域	17.56	0.12

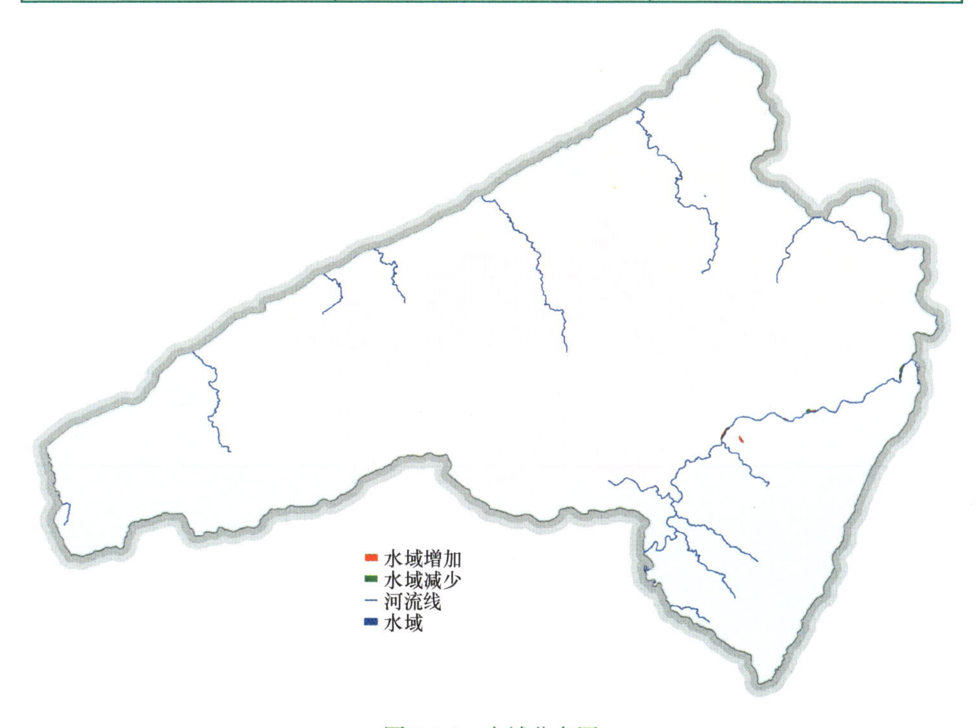

图 2.2.6　水域分布图

表 2.2.7 统计的是 2017—2019 年三个年度的水域（覆盖）变化监测情况，2018 年度较 2017 年度增加了 0.09 公顷，2019 年度较 2018 年度增加了 0.36 公顷，基本保持稳定，主要变化由监测影像时相差异及水位波动造成。

表 2.2.7　水域（覆盖）变化监测统计表

地表覆盖类别	监 测 年 度	面积 / 公顷	较上年度变化 / 公顷
水域（覆盖）	2017 年	17.11	—
	2018 年	17.20	0.09
	2019 年	17.56	0.36

2. 水体

对保护区内的水体分类型统计结果显示，在不同水体类型中，河流总长度达 54.91 千米，但是没有达到构面标准的河流，未统计河流面积，坑塘面积 0.17 公顷，保护区内没有水渠、湖泊和水库。水体统计如表 2.2.8 所示。

表 2.2.8　水体统计表

水体类型	子类型	长度 / 千米	面积 / 公顷
河渠	河流	54.91	—
	水渠	—	—
湖泊	湖泊	—	—
库塘	水库	—	—
	坑塘	—	0.17

2.2.5　荒漠与裸露地

保护区范围内荒漠与裸露地总面积 15.77 公顷，主要分布在实验区和缓冲区，实验区分布最多，占荒漠与裸露地总面积的 96.01%，核心区无荒漠与裸露地分布。

保护区内按功能分区统计的荒漠与裸露地面积及占比如表 2.2.9 所示。

表 2.2.9　荒漠与裸露地统计表

功能分区	面积 / 公顷	占比 /%
核心区	—	—
缓冲区	0.63	0.01
实验区	15.14	0.28
保护区全域	15.77	0.10

表 2.2.10 是 2017—2019 年三个年度荒漠与裸露地变化情况，2018 年度监测结果较上年度减少了 0.06 公顷，2019 年度较 2018 年度减少了 0.15 公顷。

表 2.2.10　荒漠与裸露地变化监测统计表

地表覆盖类别	监测年度	面积 / 公顷	较上年度变化 / 公顷
荒漠与裸露地	2017 年	15.98	—
	2018 年	15.92	–0.06
	2019 年	15.77	–0.15

2.2.6　人工堆掘地

保护区内的人工堆掘地有建筑工地、其他人工堆掘地两个类型，合计面积占保护区总面积的 0.02%，全部在实验区。

保护区内按功能分区统计的人工堆掘地面积及占比如表 2.2.11 所示。

表 2.2.11　人工堆掘地统计表

功 能 分 区	面积 / 公顷	占比 /%
核心区	—	—
缓冲区	—	—
实验区	2.48	0.05
保护区全域	2.48	0.02

表 2.2.12 是保护区 2017—2019 年三个年度人工堆掘地变化情况，2018 年度和 2019 年度分别较上年度减少了 3.18 公顷和 1.32 公顷，总体呈减少趋势。

表 2.2.12　人工堆掘地变化监测统计表

地表覆盖类别	监 测 年 度	面积 / 公顷	较上年度变化 / 公顷
人工堆掘地	2017 年	6.98	—
	2018 年	3.80	–3.18
	2019 年	2.48	–1.32

2.2.7　交通网络

1. 交通里程

按道路等级和类型，对保护区内的道路里程进行统计。

公路按道路国标统计共计 29.70 千米，其中江口—黔西高速公路（S30）沿保护区西北侧通过，有 1.43 千米在保护区范围内，按国标统计为省道。县道长 19.47 千米，乡道长 8.8 千米。按道路技术等级统计，高速公路长 1.43 千米，四级公路长 17.53 千米，等外公路长 10.75 千米。

保护区内乡村道路总里程 94.04 千米，包含农村硬化道路和机耕路，其中，农村硬化道路 7.72 千米，机耕路里程 63.21 千米。

保护区内没有铁路和城市道路。道路分布如图 2.2.7 所示。

表 2.2.13 是保护区内各类型道路里程变化监测统计表。三个年度各类型道

路里程变化监测显示，公路里程增加了28.27千米，因在监测时间段内，原乡村道路提升改造为坪山—平溪公路（X048）、石阡—余庆公路（X642）、河口—甘溪公路（Y049）三条公路，乡村道路总里程为下降趋势。

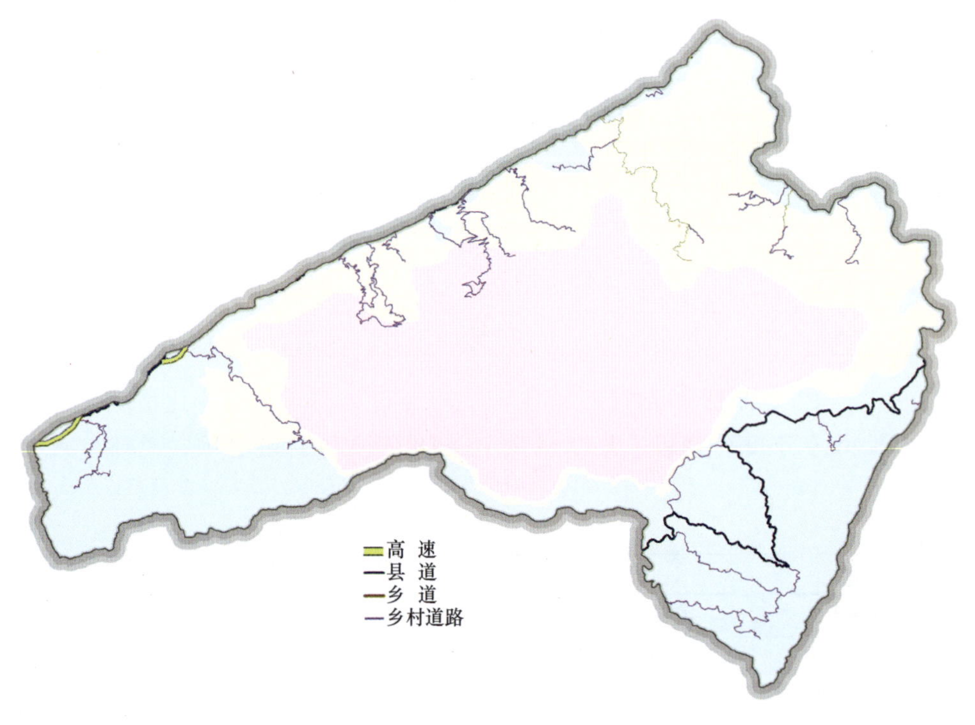

图 2.2.7 道路分布图

表 2.2.13 各类型道路里程变化监测统计表

监测年度	铁路里程 / 千米	公路里程 / 千米	城市道路里程 / 千米	乡村道路里程 / 千米
2017 年	—	1.43	—	94.09
2018 年	—	1.43	—	94.13
2019 年	—	29.70	—	70.93

2. 道路面积

保护区道路面积（含公路、乡村道路）共44.65公顷，面积仅占整个保护区总面积的0.29%。按占比统计，核心区道路面积2.72公顷，占核心区总面积的0.05%；缓冲区道路面积15.16公顷，占缓冲区总面积的0.35%；实验区道路面积26.77公顷，占实验区总面积的0.50%。道路面积统计如表2.2.14所示。

表 2.2.14　道路面积统计表

功 能 分 区	面积 / 公顷	占比 /%
核心区	2.72	0.05
缓冲区	15.16	0.35
实验区	26.77	0.50
保护区全域	44.65	0.29

表 2.2.15 是 2017—2019 年三个年度的道路面积变化监测统计表。从表中可以看出，2018 年度较 2017 年度增加了 1.71 公顷，2019 年度较 2018 年度仅增加 0.63 公顷，面积略有增加，增加幅度不大。

表 2.2.15　道路面积变化监测统计表

地表覆盖类别	监 测 年 度	面积 / 公顷	较上年度变化 / 公顷
路面	2017 年	42.31	—
	2018 年	44.02	1.71
	2019 年	44.65	0.63

2.2.8　居民地与设施

1. 房屋建筑区

保护区范围内包含部分村落和聚居点，房屋建筑总面积 50.62 公顷，占保护区总面积的 0.33%，其中高密度低矮房屋建筑区占房屋建筑总面积的 90.32%。按占比统计，核心区房屋建筑区面积 0.22 公顷，占核心区总面积的 0.00%；缓冲区房屋建筑区面积 9.73 公顷，占缓冲区总面积的 0.22%；实验区房屋建筑区面积 40.67 公顷，占实验区总面积的 0.76%。具体统计如表 2.2.16 所示。

表 2.2.16　房屋建筑区统计表

功 能 分 区	面积 / 公顷	占比 /%
核心区	0.22	0.00
缓冲区	9.73	0.22
实验区	40.67	0.76
保护区全域	50.62	0.33

表 2.2.17 是保护区内房屋建筑区变化监测统计表。从表中可以看出，保护区内的房屋建筑区变化趋势为缓慢增加，2018 年度监测面积较上年度增加了

0.19 公顷，2019 年度较上年度增加了 1.55 公顷。房屋建筑区分布及变化情况如图 2.2.8 所示。

表 2.2.17 房屋建筑区变化监测统计表

地表覆盖类别	监 测 年 度	面积 / 公顷	较上年度变化 / 公顷
房屋建筑区	2017 年	48.88	—
	2018 年	49.07	0.19
	2019 年	50.62	1.55

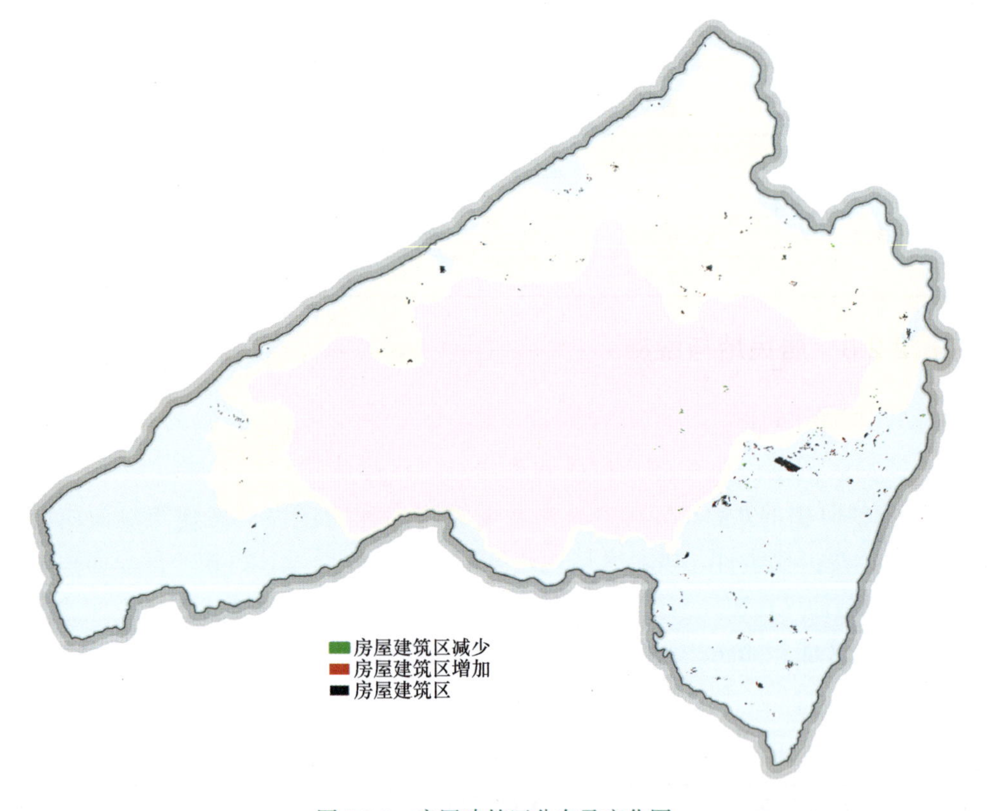

图 2.2.8 房屋建筑区分布及变化图

2. 构筑物

保护区内构筑物总面积 6.92 公顷，其中硬化地表 6.73 公顷（包括停车场 0.48 公顷、场院 0.34 公顷、露天堆放场 0.83 公顷、碾压踩踏地表 2.57 公顷、其他硬化地表 2.51 公顷），温室和大棚 0.19 公顷。

保护区内按功能分区统计的构筑物面积及占比如表 2.2.18 所示。

表 2.2.18　构筑物统计表

功 能 分 区	面积 / 公顷	占比 /%
核心区	0.11	0.00
缓冲区	0.12	0.00
实验区	6.69	0.13
保护区全域	6.92	0.05

表 2.2.19 是保护区 2017—2019 年三个年度的构筑物变化监测统计表。从表中可以看出，构筑物 2018 年度较 2017 年度增加了 1.86 公顷，2019 年度较 2018 年度增加了 1.28 公顷，总体上呈增加趋势。

表 2.2.19　构筑物变化监测统计表

地表覆盖类别	监 测 年 度	面积 / 公顷	较上年度变化 / 公顷
构筑物	2017 年	3.78	—
	2018 年	5.64	1.86
	2019 年	6.92	1.28

2.3 贵州草海国家级自然保护区

2.3.1　保护区概况

贵州草海国家级自然保护区于 1992 年经国务院批准设立，属于湿地生态系统类型的自然保护区，位于云贵高原中部顶端的乌蒙山腹地，草海是一个完整的、典型的高原湿地生态系统，是中国特有的高原鹤类黑颈鹤的主要越冬地之一。草海被“中国生物多样性保护行动计划”列为一级湿地。保护对象主要是高原湿地生态系统及各种珍稀鸟类，包括黑颈鹤、白肩雕、白尾海雕等 3 种国家Ⅰ级保护鸟类，灰鹤、白琵鹭、黑脸琵鹭、雀鹰、松雀鹰、草原雕、白尾鹞、游隼、灰背隼、红隼、雕鸮等 18 种国家Ⅱ级保护鸟类，以及凤头鸊鷉等 50 余种为《中华人民共和国政府和日本国政府保护候鸟及其栖息环境协定》中规定的保护鸟类。

保护区地处贵州省毕节市威宁彝族回族苗族自治县县城西南隅，东西方向长度为 18.66 千米，南北长度为 9.88 千米。保护区总面积为 12005.04 公顷，其中核心区面积为 2781.58 公顷，占总面积的 23.17%；实验区面积为 9223.46 公顷，占总面积的 76.83%；没有设置缓冲区。保护区功能分区示意图如图 2.3.1 所示。

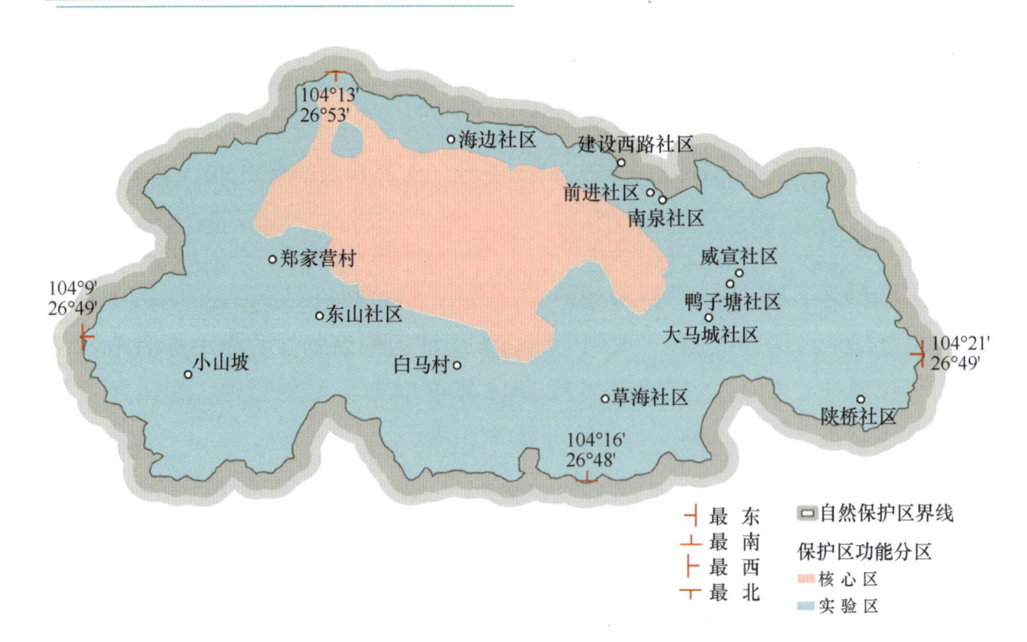

图 2.3.1 保护区功能分区示意图

保护区卫星影像图是利用高分一号卫星影像制作的，时相为 2020 年 2 月，如图 2.3.2 所示。

图 2.3.2 保护区卫星影像图

保护区范围内分布有种植土地、林草覆盖、房屋建筑区、铁路与道路、构筑物、人工堆掘地、荒漠与裸露地、水域（覆盖）8 个一级类。种植土地覆盖面积 5756.60 公顷，占总面积的 47.95%；林草覆盖面积 3310.61 公顷，占总面积的 27.58%；房屋建筑区覆盖面积 482.90 公顷，占总面积的 4.02%；铁路与道路、构筑物、人工堆掘地覆盖面积较小，占总面积的比均在 1% 左右，荒漠与裸露地面积占比仅 0.28%，水域覆盖面积 1915.97 公顷，占总面积的 15.96%。保护区的地表覆盖面积及占比如表 2.3.1 所示，地表覆盖分布如图 2.3.3 所示。

表 2.3.1　地表覆盖统计表

地表覆盖类别	面积 / 公顷	占比 /%
种植土地	5756.60	47.95
林草覆盖	3310.61	27.58
房屋建筑区	482.90	4.02
铁路与道路	147.15	1.23
构筑物	215.23	1.79
人工堆掘地	142.64	1.19
荒漠与裸露地	33.94	0.28
水域（覆盖）	1915.97	15.96
合计	12005.04	100.00

图 2.3.3　地表覆盖分布图

2.3.2 地形

1. 高程信息

草海位于黔西山字形西翼反射弧，威宁水城大背斜向北弯曲的顶端部位，属盆地地貌，西、南、东三面较高，自盆地中心向北逐渐降低，成为草海湖盆的泄水方向。保护区高程划分为 2000 ～ 2500 米和 2500 ～ 3000 米两个级别，主要集中在 2000 ～ 2500 米分级范围内，高程分级面积及占比如表 2.3.2 所示，高程分级分布如图 2.3.4 所示。

表 2.3.2　高程分级面积及占比统计表

高程分级 / 米	面积 / 公顷	占比 /%
2000 ～ 2500	12002.64	99.98
2500 ～ 3000	2.40	0.02
合计	12005.04	100.00

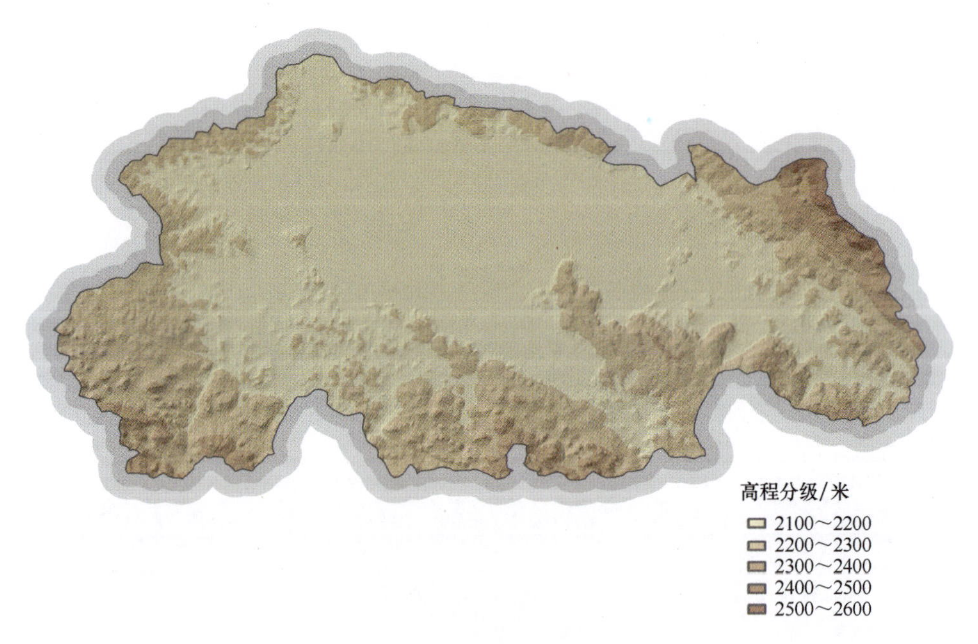

图 2.3.4　高程分级分布图

2. 坡度信息

草海湖盆地形平缓开阔，地面起伏极小，保护区坡度小于 6° 范围内的土地面积占 54.15%。由湖盆向外，地貌为高原丘陵，地面起伏增大。保护区坡度分级面积及占比如表 2.3.3 所示，坡度分级分布如图 2.3.5 所示。

表 2.3.3　坡度分级面积及占比统计表

坡度分级	面积 / 公顷	占比 /%
0° ～ 2°	4738.06	39.47
2° ～ 3°	390.90	3.26
3° ～ 5°	872.07	7.26
5° ～ 6°	499.56	4.16
6° ～ 8°	1028.78	8.57
8° ～ 10°	945.15	7.87
10° ～ 15°	1716.58	14.30
15° ～ 25°	1434.51	11.95
25° ～ 35°	331.08	2.76
≥ 35°	48.35	0.40
合计	12005.04	100.00

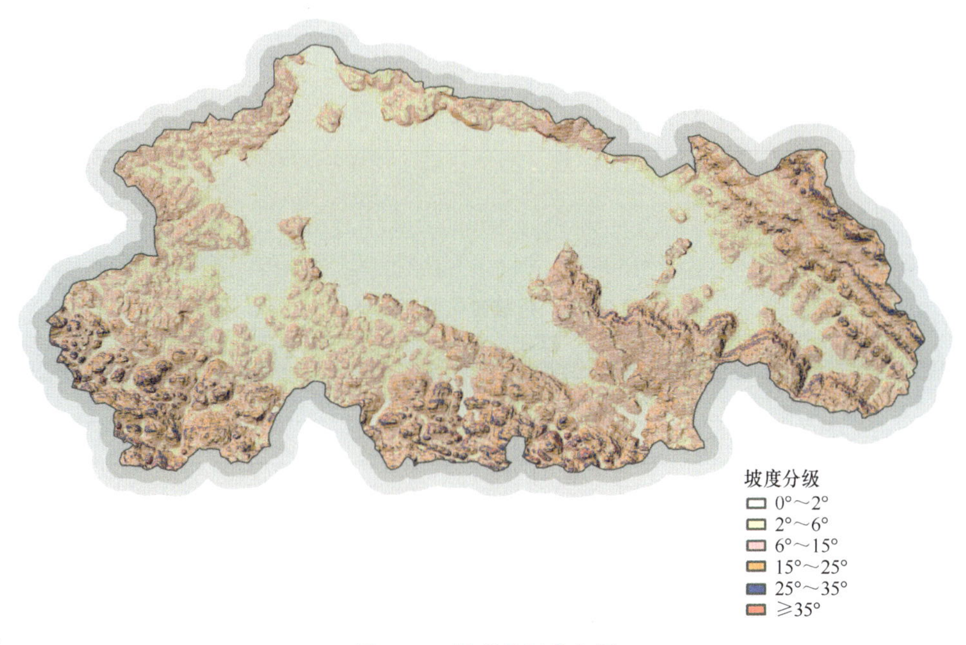

图 2.3.5　坡度分级分布图

2.3.3　植被

保护区植被覆盖面积为 9067.21 公顷，占保护区总面积的 75.53%。植被覆盖包括种植土地、林草覆盖两个大类，分别占保护区土地面积的47.95%和27.58%。因保护区紧邻城区，且地势平坦，所以沿湖周边区域广泛分布种植土地，湖泊水域周边的平坦地带分布有较多的草地，林地主要分布在保护区外围山上。植被面积、占比和构成比的统计如表2.3.4所示。

表2.3.4　植被统计表

功能分区	植被覆盖类型	面积/公顷	占比/%	构成比/%
核心区	种植土地	224.02	8.05	23.16
	林草覆盖	743.31	26.72	76.84
	合计	967.33	34.77	100.00
实验区	种植土地	5532.58	59.98	68.30
	林草覆盖	2567.30	27.83	31.70
	合计	8099.88	87.81	100.00
保护区全域	种植土地	5756.60	47.95	63.49
	林草覆盖	3310.61	27.58	36.51
	合计	9067.21	75.53	100.00

表2.3.5统计的是2017—2019年三个年度的植被变化监测情况。从表中可以看出，种植土地2018年度较2017年度减少了75.23公顷，2019年度较2018年度又减少了65.61公顷，总体上，种植土地呈现减少趋势。林草覆盖2018年度较2017年度增加了80.34公顷，2019年度较2018年度增加了38.73公顷，总体上林草覆盖面积呈增加趋势。

表2.3.5　植被变化监测统计表

地表覆盖类别	监测年度	面积/公顷	较上年度变化/公顷
种植土地	2017年	5897.44	—
	2018年	5822.21	−75.23
	2019年	5756.60	−65.61
林草覆盖	2017年	3191.54	—
	2018年	3271.88	80.34
	2019年	3310.61	38.73

2.3.4　水域

1. 水域（覆盖）

水域（覆盖）总面积1915.97公顷。从空间分布上，保护区内地表水主要集中在核心区，核心区水域（覆盖）面积占核心区总面积的 65.20%，实验区水域（覆盖）面积占实验区总面积的 1.11%。水域分布如图 2.3.6 所示，水域（覆盖）面积及占比如表 2.3.6 所示。

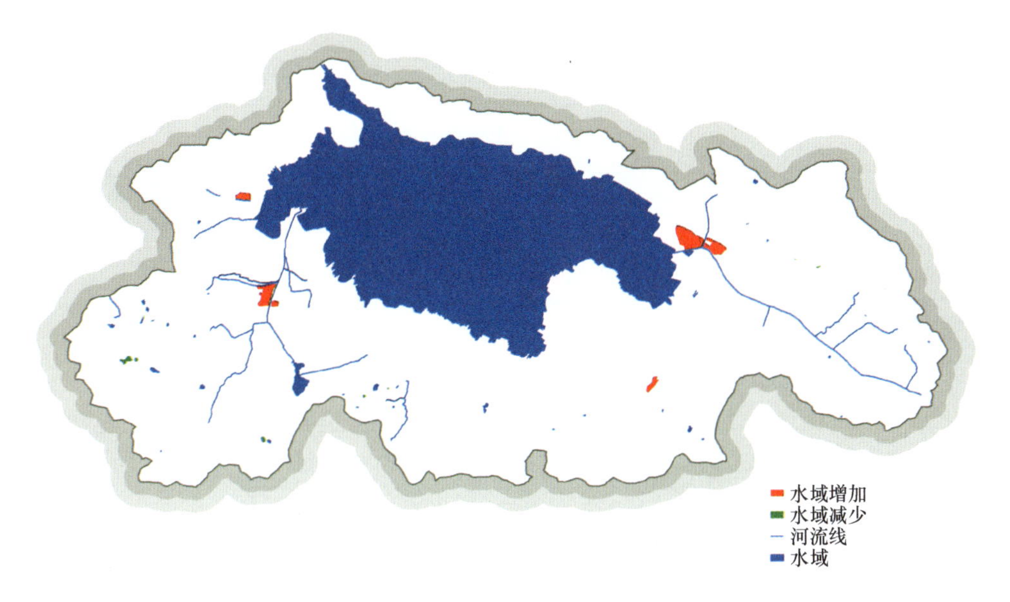

图 2.3.6　水域分布图

表 2.3.6　水域（覆盖）统计表

功 能 分 区	面积 / 公顷	占比 /%
核心区	1813.45	65.20
实验区	102.52	1.11
保护区全域	1915.97	15.96

表 2.3.7 统计的是 2017—2019 年三个年度的水域（覆盖）变化监测情况，2018 年度监测结果较上年度增加了 0.88 公顷，2019 年度大幅增加了 49.85 公顷。三个年度水域（覆盖）面积呈增加趋势。

表 2.3.7　水域（覆盖）变化监测统计表

地表覆盖类别	监 测 年 度	面积 / 公顷	较上年度变化 / 公顷
水域（覆盖）	2017 年	1865.24	—
	2018 年	1866.12	0.88
	2019 年	1915.97	49.85

2. 水体

对保护区内的水体分类型统计结果显示，在不同水体类型中，湖泊面积最大，其他类型水体面积占比较小；保护区范围内河渠线长度 20.77 千米，其中河流长度 18.29 千米；按照监测规则，没有符合监测面积指标的河流和水渠面积，水体统计如表 2.3.8 所示。

表 2.3.8　水体统计表

水体类型	子类型	长度 / 千米	面积 / 公顷
河渠	河流	18.29	—
	水渠	2.48	—
湖泊	湖泊	—	2771.47
库塘	水库	—	—
	坑塘	—	24.03

2.3.5　荒漠与裸露地

保护区内的荒漠与裸露地在保护区内零星分布，占比不大，合计占保护区总面积的 0.28%，全部为泥土地表和岩石地表。

保护区内按功能分区统计的荒漠与裸露地面积及占比如表 2.3.9 所示。

表 2.3.9　荒漠与裸露地统计表

功能分区	面积 / 公顷	占比 /%
核心区	—	—
实验区	33.94	0.37
保护区全域	33.94	0.28

表 2.3.10 是保护区 2017—2019 年三个年度的荒漠与裸露地变化监测统计表，可以看出，2018 年度监测结果较上年度增加了 0.51 公顷，2019 年度面积未发生变化。

表 2.3.10　荒漠与裸露地变化监测统计表

地表覆盖类别	监测年度	面积 / 公顷	较上年度变化 / 公顷
荒漠与裸露地	2017 年	33.43	—
	2018 年	33.94	0.51
	2019 年	33.94	0.00

2.3.6　人工堆掘地

保护区内的人工堆掘地有建筑工地、堆放物、露天采掘场三个类型，合计面积占保护区总面积的 1.19%，其中建筑工地占保护区总面积的 0.74%，主要分布在保护区的北面，县城周边区域。

保护区内按功能分区统计的人工堆掘地面积及占比如表 2.3.11 所示。

表 2.3.11　人工堆掘地统计表

功 能 分 区	面积 / 公顷	占比 /%
核心区	—	—
实验区	142.64	1.55
保护区全域	142.64	1.19

表 2.3.12 是保护区 2017—2019 年三个年度人工堆掘地变化情况，2018 年度和 2019 年度监测结果分别较上年度减少了 15.65 公顷和 10.03 公顷，从空间分布上有区域增加也有区域减少，总体呈减少趋势。

表 2.3.12　人工堆掘地变化监测统计表

地表覆盖类别	监 测 年 度	面积 / 公顷	较上年度变化 / 公顷
人工堆掘地	2017 年	168.32	—
	2018 年	152.67	–15.65
	2019 年	142.64	–10.03

2.3.7　交通网络

1. 交通里程

按道路等级和类型，对保护区内的道路里程进行统计。

公路按道路国标统计共计 53.96 千米，其中 G356 国道在保护区东面，威宁县城东南侧，自东南向北方向，G326 和 G356 在保护区东侧相交，保护区内国道长 19.58 千米。S219 省道从保护区西侧自北向南穿过，省道长 11.55 千米，保护区内还有乡道 22.82 千米，没有县道。

按道路技术等级统计，保护区内二级公路有 19.58 千米，三级公路有 11.55 千米，四级公路有 21.58 千米。

保护区内乡村道路总里程 44.50 千米，包含农村硬化道路和机耕路，二者比例相当，长度分别为 6.16 千米和 6.84 千米。

在保护区北面，威宁县城的城市道路延伸至实验区内，主要有威双大道、建设西路一线南侧靠近湖边的部分支路，以及老城向东出城通道，包括环城路、威宣路等围绕湖边东侧形成主干道路网络，在保护区范围内统计的城市道路有 10.76 千米。

保护区东北角有 7.25 千米的内六铁路穿越，内六铁路简称内六线，是连接四川内江和贵州六盘水的国铁 I 级客货共线单线电气化铁路。道路分布情况如图 2.3.7 所示。

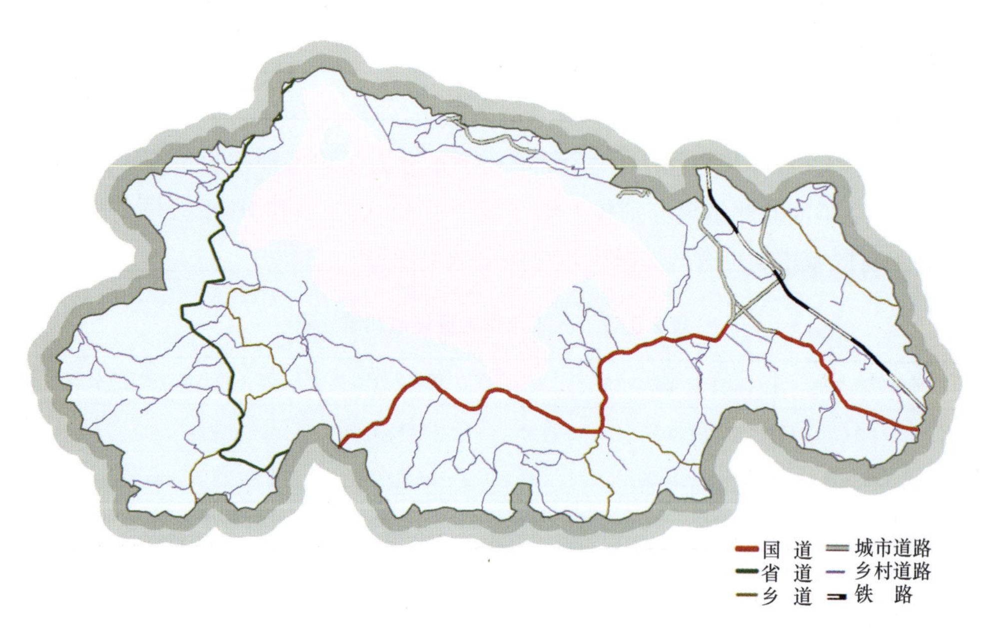

图 2.3.7 道路分布图

表 2.3.13 是保护区内各类型道路里程变化监测统计表。从表中可以看出，在监测时间段内，公路、乡村道路里程及道路面积均有所增加。根据分析来看，是因为威宁县开展了公路改扩建工程，公路里程增加主要集中在县城周边、保护区的东北面。同时，因监测时间段内，除已改造为公路的乡村道路以外，贵州省实施了“组组通”道路工程，新建了部分乡村道路，统计数据上显示的乡村道路总里程数略有增加。

铁路和城市道路里程未发生变化。

表 2.3.13　各类型道路里程变化监测统计表

监测年度	铁路里程 / 千米	公路里程 / 千米	城市道路里程 / 千米	乡村道路里程 / 千米
2017 年	7.25	30.79	10.76	125.36
2018 年	7.25	45.44	10.76	132.89
2019 年	7.25	53.96	10.76	130.04

2. 道路面积

草海保护区道路面积（含铁路、公路、乡村道路）共 147.15 公顷，面积仅占整个保护区面积的 1.23%。按占比统计，核心区道路面积占核心区总面积的 0.03%，实验区道路面积占实验区总面积的 1.59%。其中，实验区有 6.06 公顷道路面积为铁路。道路面积统计如表 2.3.14 所示。

表 2.3.14　道路面积统计表

功能分区	面积 / 公顷	占比 /%
核心区	0.80	0.03
实验区	146.35	1.59
保护区全域	147.15	1.23

表 2.3.15 是 2017—2019 年三个年度的道路面积变化统计表。因草海保护区紧邻威宁县城区，部分城区被划入保护区范围内，2018 年度较 2017 年度道路面积增加了 6.15 公顷，2019 年度较 2018 年度仅增加 1.37 公顷，面积略有增加，两个年度累计增加面积占路面面积的 5.11%，占保护区面积的 0.06%。

表 2.3.15　道路面积变化监测统计表

地表覆盖类别	监测年度	面积 / 公顷	较上年度变化 / 公顷
路面	2017 年	139.63	—
	2018 年	145.78	6.15
	2019 年	147.15	1.37

2.3.8　居民地与设施

1. 房屋建筑区

保护区房屋建筑区总面积 482.90 公顷，面积占保护区总面积的 4.02%。除临近城区的区域分布有多层及以上房屋建筑区之外，81.48% 的建筑区为低矮房屋建筑区。按占比统计，核心区没有房屋建筑区，没有占比数，实验区房屋建筑区面积占实验区总面积的 5.24%。

保护区内按功能分区统计的房屋建筑区面积及占比如表 2.3.16 所示。

表 2.3.16　房屋建筑区统计表

功能分区	面积 / 公顷	占比 /%
核心区	—	—
实验区	482.90	5.24
保护区全域	482.90	4.02

表 2.3.17 是保护区内房屋建筑区变化监测统计表。从表中可以看出，保护区内的房屋建筑区三个年度总体变化趋势为减少。房屋建筑区分布及变化情况如图 2.3.8 所示。

表 2.3.17　房屋建筑区变化监测统计表

地表覆盖类别	监测年度	面积 / 公顷	较上年度变化 / 公顷
房屋建筑区	2017 年	484.59	—
	2018 年	483.16	–1.42
	2019 年	482.90	–0.26

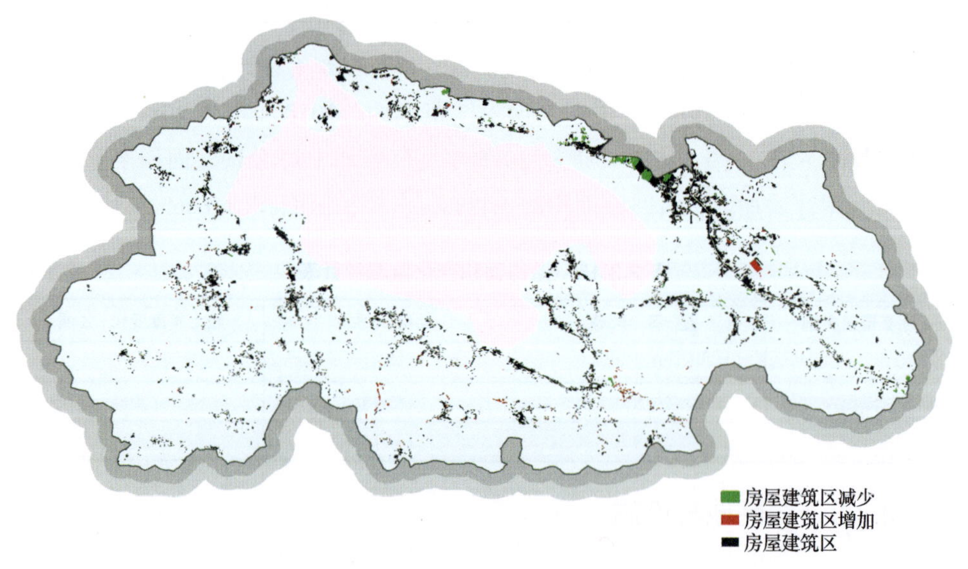

图 2.3.8　房屋建筑区分布及变化图

2. 构筑物

保护区内构筑物总面积 215.23 公顷，其中包括硬化护坡、广场、露天堆放场等在内的硬化地表 157.96 公顷；温室大棚 53.12 公顷；其他类型包括固化池、工业设施和其他构筑物，共计 4.15 公顷。

保护区内按功能分区统计的构筑物面积及占比如表 2.3.18 所示。

表 2.3.18　构筑物统计表

功 能 分 区	面积 / 公顷	占比 /%
核心区	—	—
实验区	215.23	2.33
保护区全域	215.23	1.79

表 2.3.19 是保护区 2017—2019 年三个年度的构筑物变化监测统计表，构筑物总体是减少的，减少主要集中在其他硬化地表和温室大棚，但是因城区道路建设，硬化护坡有所增加。

表 2.3.19　构筑物变化监测统计表

地表覆盖类别	监 测 年 度	面积 / 公顷	较上年度变化 / 公顷
构筑物	2017 年	224.86	—
	2018 年	229.28	4.42
	2019 年	215.23	–14.05

2.4 贵州大沙河国家级自然保护区

2.4.1　保护区概况

贵州大沙河自然保护区于 1984 年建立，2001 年经贵州省人民政府批准晋升为省级自然保护区，也是贵州省最早的省级湿地自然保护区。2018 年，贵州大沙河等 5 处新建国家级自然保护区经国务院审定并予以公布。

贵州大沙河国家级自然保护区是以保护银杉、黑叶猴等珍稀濒危物种及其自然生境的森林生态系统类型自然保护区。保护区内植物与动物资源丰富，共有植物 345 科 1184 属 3799 种，共有动物 54 目 282 科 1309 属 2002 种。

保护区位于贵州省道真仡佬族苗族自治县北缘，西北、北面、东北与重庆市接壤，西南、南面、东南分别与县内大磏镇、三桥镇、阳溪镇、洛龙镇相连。保护区总面积 26988.86 公顷，贵州省境内 26688.25 公顷，重庆市境内 300.61 公顷。其中，核心区 9198.71 公顷，占保护区总面积的 34.08%；缓冲区 8497.36 公顷，占总面积的 31.48%；实验区 9292.79 公顷，占总面积的 34.43%。保护区功能分区示意图如图 2.4.1 所示。

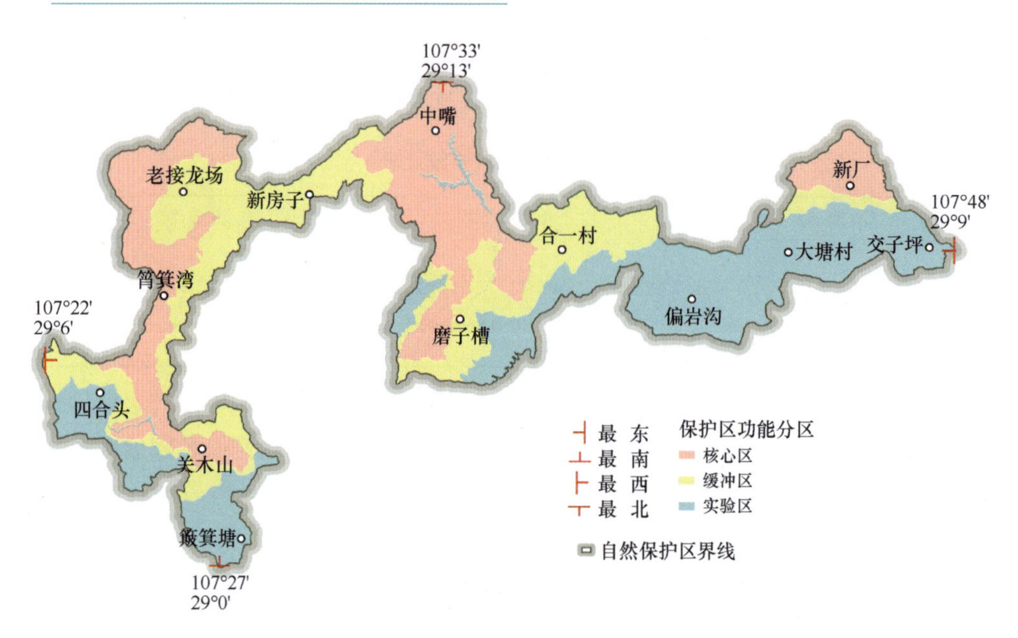

图 2.4.1 保护区功能分区示意图

保护区卫星影像图是利用高分一号卫星影像制作的，时相为 2020 年 10 月，如图 2.4.2 所示。

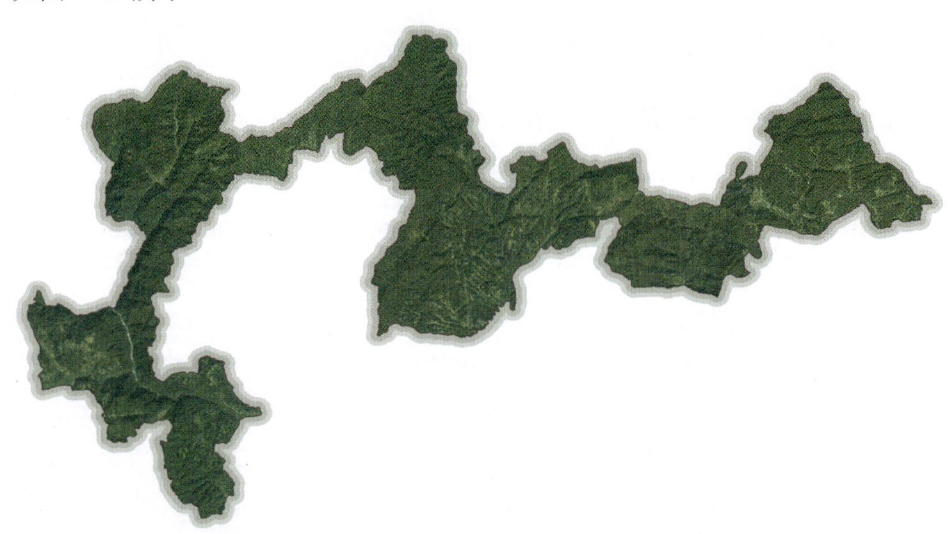

图 2.4.2 保护区卫星影像图

保护区范围内分布有种植土地、林草覆盖、房屋建筑区、铁路与道路、构筑物、人工堆掘地、荒漠与裸露地、水域（覆盖）8 个一级类。种植土地覆盖面积 2372.50 公顷，占总面积的 8.79%；林草覆盖面积 24221.18 公顷，占总面积的 89.74%；房屋建筑区覆盖面积 88.16 公顷，占总面积的 0.33%；铁路与道路覆盖面积 124.98 公顷，占总面积的 0.46%；构筑物覆盖面积 10.33 公顷，占总面积的 0.04%；人工堆掘地覆盖面积 28.57 公顷，占总面积的 0.11%；荒漠与裸露地覆盖面积 45.75 公顷，占总面积的 0.17%；水域覆盖面积 97.38 公顷，占总面积的 0.36%。保护区的地表覆盖面积及占比如表 2.4.1 所示，地表覆盖分布如图 2.4.3 所示。

表 2.4.1　地表覆盖统计表

地表覆盖类别	面积 / 公顷	占比 /%
种植土地	2372.50	8.79
林草覆盖	24221.18	89.74
房屋建筑区	88.16	0.33
铁路与道路	124.98	0.46
构筑物	10.33	0.04
人工堆掘地	28.57	0.11
荒漠与裸露地	45.75	0.17
水域（覆盖）	97.38	0.36
合计	26988.86	100.00

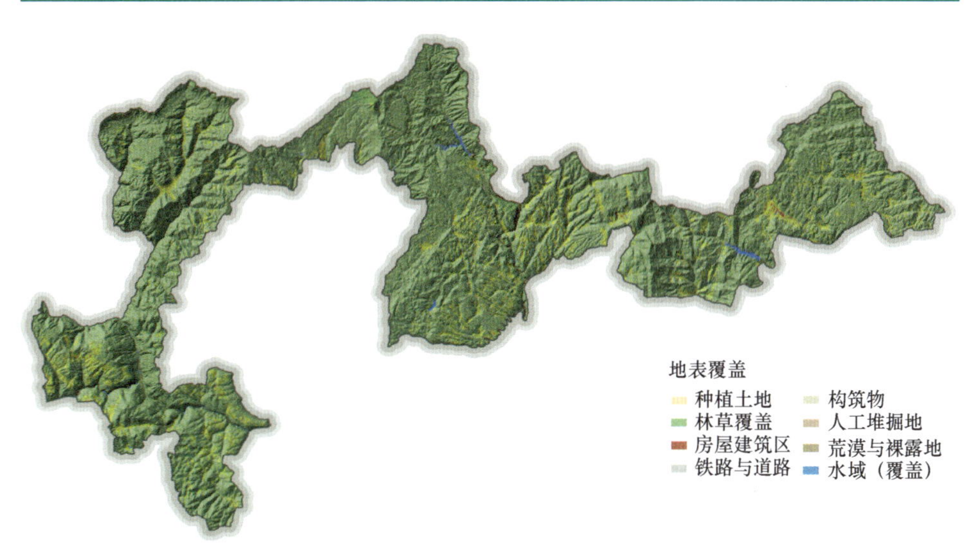

图 2.4.3　地表覆盖分布图

2.4.2 地形

1. 高程信息

保护区范围内按高程划分为5级，其中，1000米以下有2081.67公顷，1000～1500米有15531.88公顷，1500米以上有9375.31公顷。保护区高程分级面积及占比如表2.4.2所示，高程分级分布如图2.4.4所示。

表2.4.2 高程分级面积及占比统计表

高程分级/米	面积/公顷	占比/%
500～800	654.00	2.42
800～1000	1427.67	5.29
1000～1200	2971.09	11.01
1200～1500	12560.79	46.54
1500～2000	9375.31	34.74
合计	26988.86	100.00

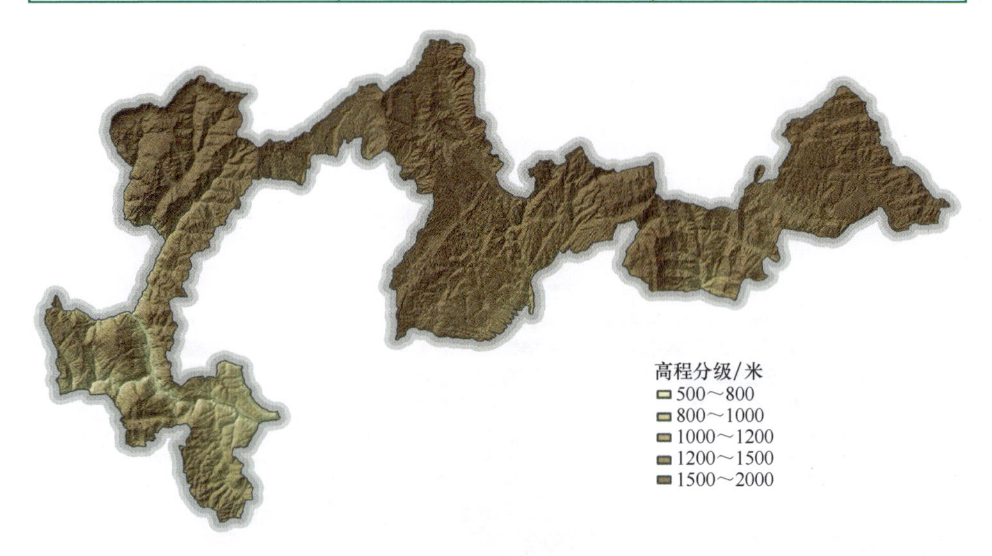

图2.4.4 高程分级分布图

2. 坡度信息

保护区范围内按坡度分为10级，整个保护区范围内地形起伏大，坡度在25°以上的面积合计为13059.69公顷，占了总面积的48.39%；坡度在15°以下的面积总和仅有5416.44公顷，占比仅为20.07%。保护区坡度分级面积及占比如表2.4.3所示，坡度分级分布如图2.4.5所示。

表 2.4.3　坡度分级面积及占比统计表

坡 度 分 级	面积 / 公顷	占比 /%
0° ～ 2°	88.81	0.33
2° ～ 3°	65.47	0.24
3° ～ 5°	244.06	0.90
5° ～ 6°	201.27	0.75
6° ～ 8°	620.62	2.30
8° ～ 10°	932.06	3.45
10° ～ 15°	3264.15	12.10
15° ～ 25°	8512.73	31.54
25° ～ 35°	7474.04	27.69
≥ 35°	5585.65	20.70
合计	26988.86	100.00

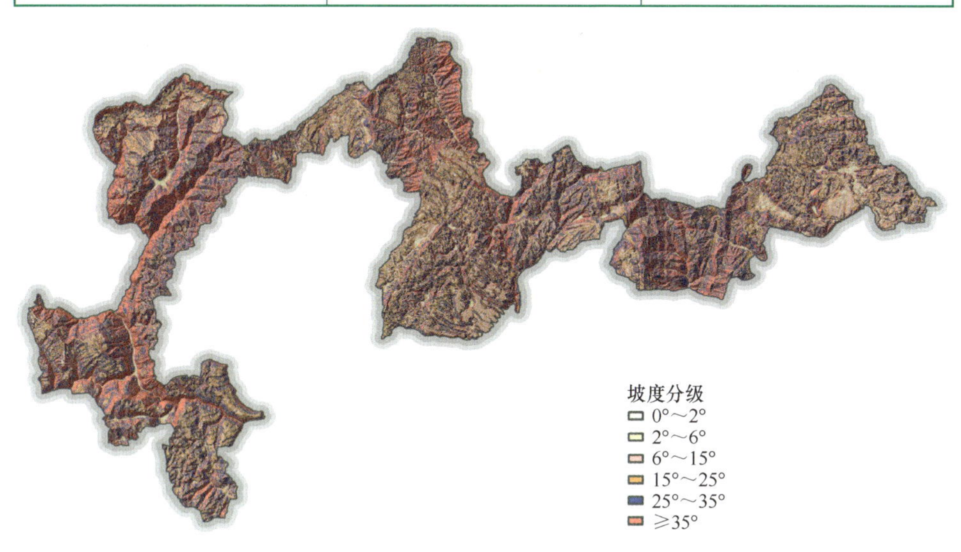

图 2.4.5　坡度分级分布图

2.4.3　植被

保护区植被覆盖面积为 26593.68 公顷，占保护区土地面积的 98.54%。植被覆盖包括种植土地、林草覆盖两个大类，林草覆盖面积最大，种植土地面积较小，分别占保护区土地面积的 89.75% 和 8.79%。保护区主要以山地河河谷为主，山高坡陡，林草覆盖比重大、分布广，种植土地分布在地势平坦地区，包含耕地与园地。植被面积、占比和构成比的统计如表 2.4.4 所示。

表 2.4.4　植被统计表

功能分区	植被覆盖类型	面积 / 公顷	占比 /%	构成比 /%
核心区	种植土地	215.35	2.34	2.36
	林草覆盖	8919.28	96.96	97.64
	合计	9134.63	99.30	100.00
缓冲区	种植土地	931.01	10.96	11.07
	林草覆盖	7479.49	88.02	88.93
	合计	8410.50	98.98	100.00
实验区	种植土地	1226.14	13.19	13.55
	林草覆盖	7822.41	84.18	86.45
	合计	9048.55	97.37	100.00
保护区全域	种植土地	2372.50	8.79	8.92
	林草覆盖	24221.18	89.75	91.08
	合计	26593.68	98.54	100.00

表 2.4.5 统计的是 2017—2019 年三个年度的植被变化监测情况。从表中可以看出，种植土地 2018 年度较 2017 年度增加了 53.34 公顷，2019 年度较 2018 年度增加了 15.09 公顷，总体上呈增加趋势，变化比例不大。

林草覆盖 2018 年度较 2017 年度减少了 102.89 公顷，2019 年度较 2018 年度减少了 43.17 公顷。林草覆盖减少大部分为灌木林地，主要变为种植土地和水域（覆盖）。

表 2.4.5　植被变化监测统计表

地表覆盖类别	监测年度	面积 / 公顷	较上年度变化 / 公顷
种植土地	2017 年	2304.07	—
	2018 年	2357.41	53.34
	2019 年	2372.50	15.09
林草覆盖	2017 年	24367.24	—
	2018 年	24264.35	–102.89
	2019 年	24221.18	–43.17

2.4.4　水域

1. 水域（覆盖）

水域（覆盖）总面积 97.38 公顷，从空间分布上，保护区内大部分地表水集中在实验区，有 77.09 公顷，占实验区总面积的 0.83%，缓冲区水域（覆盖）面积 2.60 公顷，占缓冲区总面积的 0.03%，核心区水域（覆盖）面积 17.69 公顷，占核心区总面积的 0.19%。水域（覆盖）面积及占比如表 2.4.6 所示，水域分布如图 2.4.6 所示。

表 2.4.6　水域（覆盖）统计表

功能分区	面积 / 公顷	占比 /%
核心区	17.69	0.19
缓冲区	2.60	0.03
实验区	77.09	0.83
保护区全域	97.38	0.36

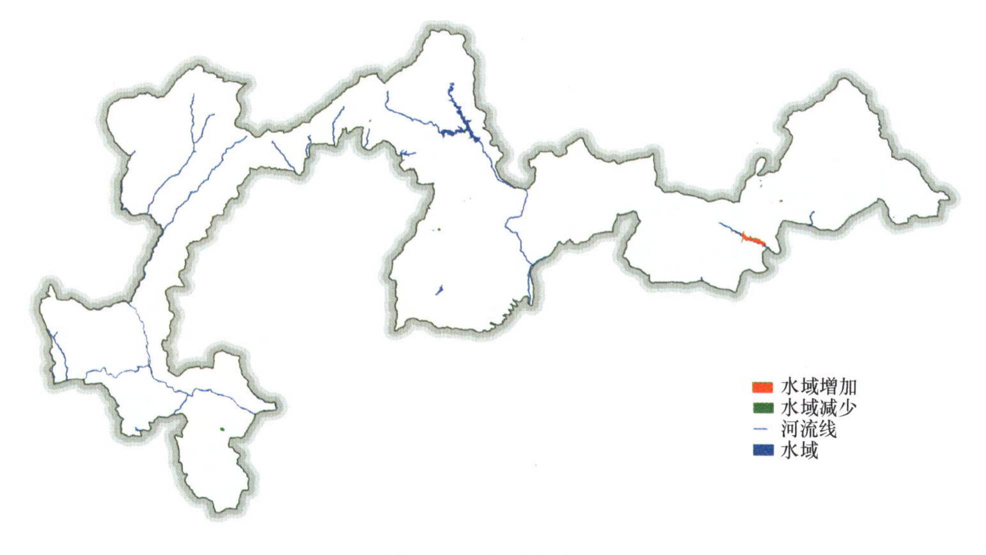

图 2.4.6　水域分布图

表 2.4.7 统计的是 2017—2019 年三个年度的水域（覆盖）变化监测情况，2018 年度较 2017 年度增加了 15.11 公顷，2019 年度较 2018 年度增加了 15.00 公顷，主要原因是大沙河水库蓄水使得水域面积增加。

表 2.4.7　水域（覆盖）变化监测统计表

地表覆盖类别	监测年度	面积 / 公顷	较上年度变化 / 公顷
水域（覆盖）	2017 年	67.27	—
	2018 年	82.38	15.11
	2019 年	97.38	15.00

2. 水体

对保护区内的水体分类型统计结果显示，在不同水体类型中，水库面积最大，占水体面积比达 68.88%，其他类型水体面积占比较小；保护区范围内河渠线长度 71.65 千米，其中河流长度 70.60 千米，按照监测规则，没有符合监测面积指标的水渠和湖泊面积。水体统计如表 2.4.8 所示。

表 2.4.8　水体统计表

水体类型	子类型	长度 / 千米	面积 / 公顷
河渠	河流	70.60	35.78
	水渠	1.05	—
湖泊	湖泊	—	—
库塘	水库	—	94.75
	坑塘	—	7.02

2.4.5　荒漠与裸露地

保护区范围内的荒漠与裸露地在保护区内零星分布，占比不大，合计占比仅 0.17%，其中，砾石地表和沙质地表构成比分别为 66.43% 和 17.85%。

保护区内按功能分区统计的荒漠与裸露地面积及占比如表 2.4.9 所示。

表 2.4.9　荒漠与裸露地统计表

功能分区	面积 / 公顷	占比 /%
核心区	24.19	0.26
缓冲区	4.80	0.06
实验区	16.76	0.18
保护区全域	45.75	0.17

表 2.4.10 是保护区 2017—2019 年三个年度的荒漠与裸露地变化监测统计表，可以看出，2018 年度监测结果较上年度增加了 0.25 公顷，2019 年度面积未发生变化，总体上变化不大。

表 2.4.10　荒漠与裸露地变化监测统计表

地表覆盖类别	监测年度	面积 / 公顷	较上年度变化 / 公顷
荒漠与裸露地	2017 年	45.50	—
	2018 年	45.75	0.25
	2019 年	45.75	0.00

2.4.6　人工堆掘地

保护区内的人工堆掘地有建筑工地、堆放物、露天采掘场三个类型，合计面积占保护区总面积的 0.11%，其中建筑工地占保护区总面积的 0.07%，主要分布在保护区两座水库大坝附近。

保护区内按功能分区统计的人工堆掘地面积及占比如表 2.4.11 所示。

表 2.4.11　人工堆掘地统计表

功 能 分 区	面积 / 公顷	占比 /%
核心区	5.36	0.06
缓冲区	3.18	0.04
实验区	20.03	0.22
保护区全域	28.57	0.11

表 2.4.12 是保护区 2017—2019 年三个年度的人工堆掘地变化监测统计表。从表中可以看出，2018 年度较 2017 年度增加了 2.46 公顷，而 2019 年度较 2018 年度减少了 1.48 公顷，总体趋势为先增加后减少，主要是监测时间段内保护区内两座水库工程施工造成的。

表 2.4.12　人工堆掘地变化监测统计表

地表覆盖类别	监 测 年 度	面积 / 公顷	较上年度变化 / 公顷
人工堆掘地	2017 年	27.59	—
	2018 年	30.05	2.46
	2019 年	28.57	–1.48

2.4.7　交通网络

1. 交通里程

按道路等级和类型，对保护区内的道路里程进行统计。

公路按道路国标统计共计 28.74 千米，其中省道长 4.72 千米，S102 从保护区中部洋溪镇境内穿越，接重庆界；县道长 18.42 千米，有 X3D3、X3D4、X3D6 三条；在保护区西南角，有 5.60 千米乡道穿过。按道路技术等级统计，二级公路长 0.11 千米，三级公路长 4.20 千米，四级公路长 8.31 千米，等外公路长 16.12 千米。

保护区内乡村道路总里程 166.72 千米，包含农村硬化道路和机耕路，二者比例约 1 : 6。道路分布情况如图 2.4.7 所示。

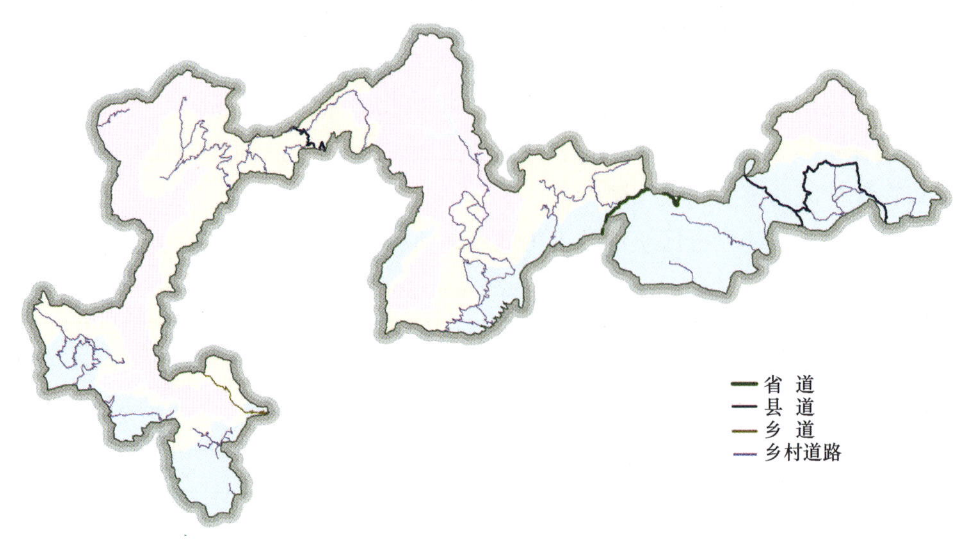

图 2.4.7 道路分布图

表 2.4.13 是保护区内各类型道路里程变化监测统计表。三个年度变化监测显示公路里程增加了约 23 千米，主要原因是监测时间段内既有公路的延伸及联通工程，又因贵州省实施了"组组通"道路工程，新建了部分农村生产道路，统计数据上显示的乡村道路总里程数有所增加。

表 2.4.13 各类型道路里程变化监测统计表

监 测 年 度	铁路里程 / 千米	公路里程 / 千米	城市道路里程 / 千米	乡村道路里程 / 千米
2017 年	—	5.89	—	122.10
2018 年	—	10.59	—	144.77
2019 年	—	28.74	—	166.72

2. 道路面积

保护区道路面积（含公路、乡村道路）共 124.98 公顷，仅占整个保护区面积的 0.46%。核心区道路面积 9.49 公顷，占核心区总面积的 0.10%；缓冲区道路面积 45.31 公顷，占缓冲区总面积的 0.53%；实验区道路面积 70.18 公顷，占实验区总面积的 0.76%（见表 2.4.14）。保护区内无铁路分布。

表 2.4.14 道路面积统计表

功 能 分 区	面积 / 公顷	占比 /%
核心区	9.49	0.10
缓冲区	45.31	0.53
实验区	70.18	0.76
保护区全域	124.98	0.46

表 2.4.15 是保护区内道路面积变化监测统计表。从表中可以看出，2018 年度较 2017 年度增加了 31.60 公顷，2019 年度较 2018 年度仅增加 12.33 公顷，面积每年都有所增加。

表 2.4.15 道路面积变化监测统计表

地表覆盖类别	监 测 年 度	面积 / 公顷	较上年度变化 / 公顷
路面	2017 年	81.05	—
	2018 年	112.65	31.60
	2019 年	124.98	12.33

2.4.8 居民地与设施

1. 房屋建筑区

保护区范围内包含部分村落和聚居点，房屋建筑总面积 88.16 公顷，占保护区总面积的 0.33%，其中低矮房屋建筑区（二层以下房屋建筑）占房屋建筑总面积的 99.14%。

核心区房屋建筑区面积占核心区总面积的 0.07%，缓冲区房屋建筑区面积占缓冲区总面积的 0.35%，实验区房屋建筑区面积占实验区总面积的 0.56%。具体统计如表 2.4.16 所示。

表 2.4.16 房屋建筑区统计表

功 能 分 区	面积 / 公顷	占比 /%
核心区	6.35	0.07
缓冲区	29.49	0.35
实验区	52.32	0.56
保护区全域	88.16	0.33

表 2.4.17 是保护区内房屋建筑区变化监测统计表。从表中可以看出，保护区的房屋建筑区变化趋势为先减少后增加，2018 年度监测面积较上年度减少了 2.76 公顷，2019 年度较上年度增加了 1.04 公顷。变化散布保护区全区域范围内，有增有减。房屋建筑区分布及变化情况如图 2.4.8 所示。

表 2.4.17 房屋建筑区变化监测统计表

地表覆盖类别	监 测 年 度	面积 / 公顷	较上年度变化 / 公顷
房屋建筑区	2017 年	89.88	—
	2018 年	87.12	–2.76
	2019 年	88.16	1.04

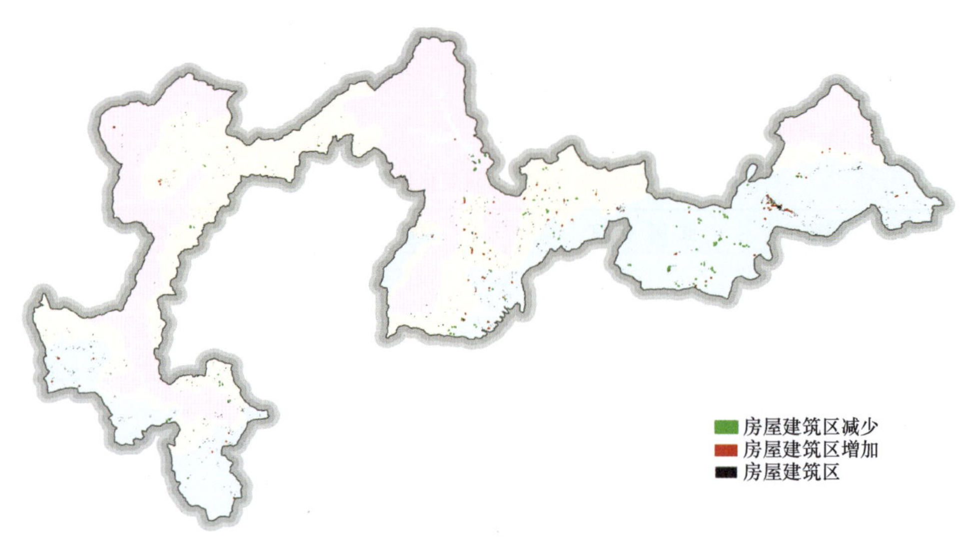

图 2.4.8　房屋建筑区分布及变化图

2. 构筑物

保护区内构筑物总面积 10.33 公顷，其中包括硬化护坡、露天堆放场、碾压踩踏地表等在内的硬化地表 6.19 公顷；水工设施 2.65 公顷，温室大棚 1.27 公顷；其他类型包括固化池和其他构筑物，共计 0.22 公顷。其中，76.07% 的构筑物在实验区，14.28% 的构筑物在缓冲区，9.65% 的构筑物在核心区。

保护区内按功能分区统计的构筑物面积及占比如表 2.4.18 所示。

表 2.4.18　构筑物统计表

功 能 分 区	面积 / 公顷	占比 /%
核心区	1.00	0.01
缓冲区	1.47	0.02
实验区	7.86	0.08
保护区全域	10.33	0.04

表 2.4.19 是保护区内构筑物变化监测统计表。从表中可以看出，构筑物变化趋势为增加，2018 年度较 2017 年度增加了 2.87 公顷，2019 年度较 2018 年度增加了 1.18 公顷，增加分布在两座水库大坝区域。

表 2.4.19　构筑物变化监测统计表

地表覆盖类别	监 测 年 度	面积 / 公顷	较上年度变化 / 公顷
构筑物	2017 年	6.28	—
	2018 年	9.15	2.87
	2019 年	10.33	1.18

2.5 贵州梵净山国家级自然保护区

2.5.1　保护区概况

梵净山自然保护区是 1978 年批准建立的贵州省第一个自然保护区，1986 年国务院批准为国家级自然保护区，同年，被联合国教科文组织接纳为国际“人与生物圈”保护区网络成员，成为中国的第四个国际生物圈保护区。保护区主要以黔金丝猴、珙桐等珍稀野生动植物及其原生森林生态系统为保护对象。保护区自然环境及森林生态系统基本上没有遭到人为破坏，保存了较为原始的状态，是我国亚热带极为珍贵的原始“本底”。

保护区位于贵州省东北部的江口、松桃、印江三县交界处，东西方向长度为 23.190 千米，南北长度为 31.960 千米。保护区总面积为 42858.76 公顷，其中核心区面积为 27851.06 公顷，占保护区总面积的 64.98%；缓冲区面积为 2790.85 公顷，占保护区总面积的 6.52%；实验区面积为 12216.85 公顷，占保护区总面积的 28.50%。保护区功能分区示意图如图 2.5.1 所示。

图 2.5.1　保护区功能分区示意图

保护区卫星影像图是利用高分一号卫星影像制作的，时相为 2020 年 4 月，如图 2.5.2 所示。

图 2.5.2　保护区卫星影像图

保护区范围内分布有种植土地、林草覆盖、房屋建筑区、铁路与道路、构筑物、人工堆掘地、荒漠与裸露地、水域（覆盖）8 个一级类。种植土地覆盖面积 838.40 公顷，占总面积的 1.96%；林草覆盖面积 41675.17 公顷，占总面积的 97.24%；房屋建筑区、铁路与道路、构筑物、人工堆掘地、荒漠与裸露地、水域（覆盖）的面积较小，占比均小于 0.5%。保护区的地表覆盖面积及占比如表 2.5.1 所示，地表覆盖分布图如图 2.5.3 所示。

表 2.5.1　地表覆盖统计表

地表覆盖类别	面积 / 公顷	占比 /%
种植土地	838.40	1.96
林草覆盖	41675.17	97.24
房屋建筑区	71.73	0.17

（续表）

地表覆盖类别	面积 / 公顷	占比 /%
铁路与道路	82.41	0.19
构筑物	8.82	0.02
人工堆掘地	27.10	0.06
荒漠与裸露地	89.94	0.21
水域（覆盖）	65.19	0.15
合计	42858.76	100.00

图 2.5.3　地表覆盖分布图

2.5.2　地形

1. 高程信息

梵净山地势高耸，以凤凰山、金顶的峡谷地形为中心，高程向四周逐渐降低。保护区内地形高差较大，最高峰凤凰山海拔 2572 米，金顶海拔 2493 米，而东坡山麓的盘溪口海拔仅 500 米，高差达 2000 余米。保护区主要高程集中在海拔 1000 ～ 2000 米，保护区的高程分级面积及占比如表 2.5.2 所示，高程分级分布如图 2.5.4 所示。

表 2.5.2　高程分级面积及占比统计表

高程分级 / 米	面积 / 公顷	占比 /%
200 ～ 500	6.34	0.01
500 ～ 800	2446.82	5.71
800 ～ 1000	4750.04	11.08
1000 ～ 1200	7440.14	17.36
1200 ～ 1500	12151.86	28.35
1500 ～ 2000	13526.09	31.57
2000 ～ 2500	2502.57	5.84
2500 ～ 3000	34.90	0.08
合计	42858.76	100.00

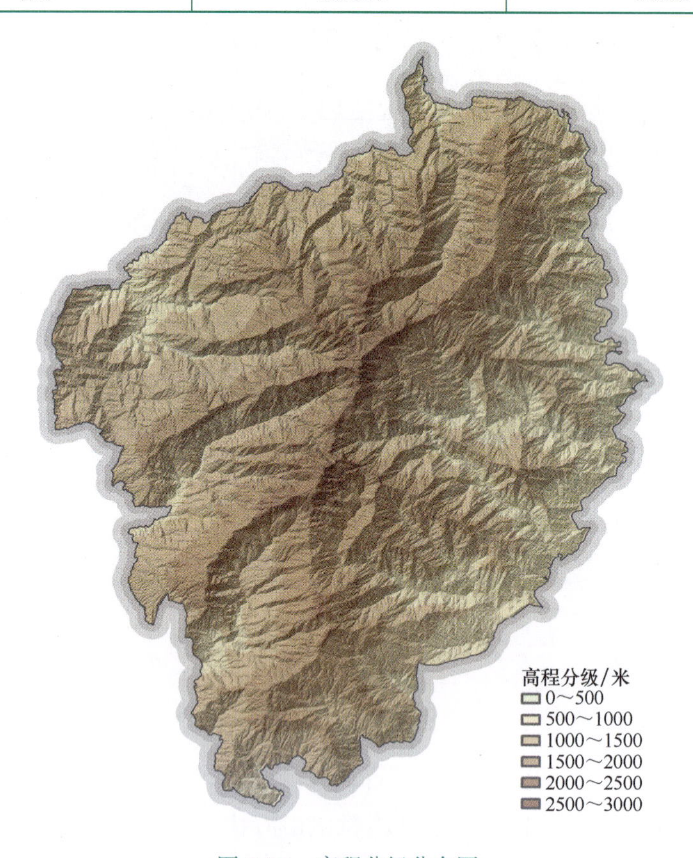

图 2.5.4　高程分级分布图

2. 坡度信息

梵净山地形起伏大，15° 以下的土地面积仅占总面积的 7.36%。保护区坡度分级面积及占比如表 2.5.3 所示，坡度分级分布如图 2.5.5 所示。

表 2.5.3　坡度分级面积及占比统计表

坡 度 分 级	面积 / 公顷	占比 /%
0° ～ 2°	67.87	0.16
2° ～ 3°	55.67	0.12
3° ～ 5°	153.23	0.36
5° ～ 6°	102.05	0.24
6° ～ 8°	268.60	0.63
8° ～ 10°	390.64	0.91
10° ～ 15°	2115.39	4.94
15° ～ 25°	12250.12	28.58
25° ～ 35°	16262.39	37.94
≥ 35°	11192.80	26.12
合计	42858.76	100.00

图 2.5.5　坡度分级分布图

2.5.3 植被

保护区植被覆盖总面积为42513.57公顷，占保护区总面积的99.20%。植被覆盖包括种植土地、林草覆盖两个大类，分别占保护区土地面积的1.96%和97.24%。保护区内种植土地主要分布在山谷等区域，林草覆盖则遍布整个保护区。植被面积、占比和构成比统计如表2.5.4所示。

表2.5.4　植被统计表

功能分区	植被覆盖类型	面积/公顷	占比/%	构成比/%
核心区	种植土地	29.89	0.11	0.11
	林草覆盖	27807.45	99.84	99.89
	合计	27837.34	99.95	100.00
缓冲区	种植土地	31.03	1.11	1.13
	林草覆盖	2715.78	97.31	98.87
	合计	2746.81	98.42	100.00
实验区	种植土地	777.48	6.36	6.52
	林草覆盖	11151.94	91.28	93.48
	合计	11929.42	97.64	100.00
保护区全域	种植土地	838.40	1.96	1.97
	林草覆盖	41675.17	97.24	98.03
	合计	42513.57	99.20	100.00

表2.5.5是2017—2019年三个年度的植被变化监测情况。从表中可以看出，种植土地2018年度较2017年度减少了4.71公顷，2019年度较2018年度又减少了0.22公顷，总体上，种植土地呈现减少趋势。

林草覆盖2018年度较2017年度减少了0.96公顷，2019年度较2018年度减少了1.32公顷，总体上林草覆盖面积没有明显变化。

表2.5.5　植被变化监测统计表

地表覆盖类别	监测年度	面积/公顷	较上年度变化/公顷
种植土地	2017年	843.33	—
	2018年	838.62	–4.71
	2019年	838.40	–0.22
林草覆盖	2017年	41677.45	—
	2018年	41676.49	–0.96
	2019年	41675.17	–1.32

2.5.4 水域

1. 水域（覆盖）

水域（覆盖）总面积 65.19 公顷，占保护区总面积的 0.15%。保护区内绝大部分地表水集中在实验区，面积 45.48 公顷。按占比统计，核心区水域覆盖面积占核心区总面积的 0.01%，缓冲区水域覆盖面积占缓冲区总面积的 0.64%，实验区水域覆盖面积占实验区总面积的 0.37%。水域（覆盖）面积统计如表 2.5.6 所示，水域分布如图 2.5.6 所示。

表 2.5.6 水域（覆盖）统计表

功 能 分 区	面积 / 公顷	占比 /%
核心区	1.92	0.01
缓冲区	17.79	0.64
实验区	45.48	0.37
保护区全域	65.19	0.15

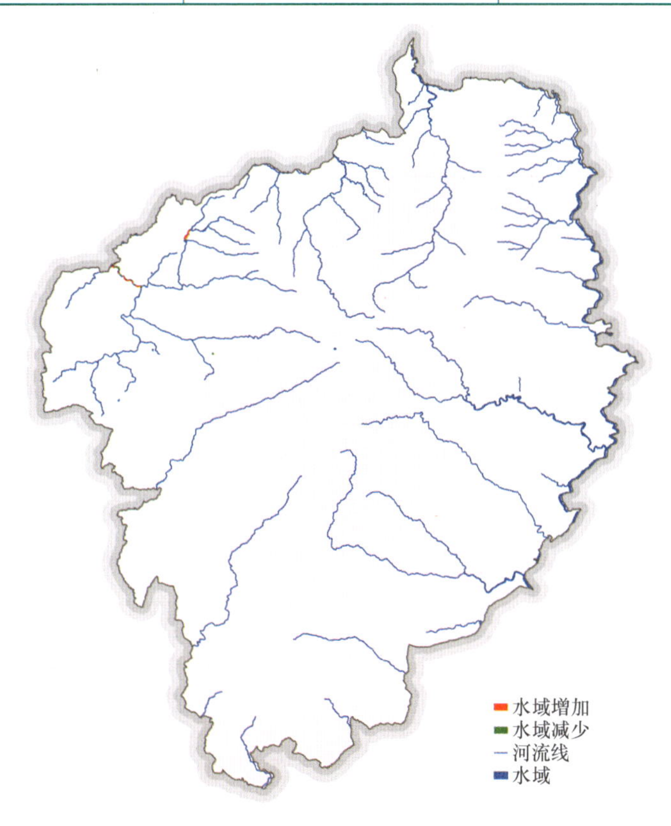

图 2.5.6 水域分布图

对比2017—2019年三个年度水域（覆盖）变化情况，2018年度监测结果较2017年度增加了1.7公顷，2019年度与2018年度相比未发生变化。水域（覆盖）变化监测信息如表2.5.7所示。

表2.5.7　水域（覆盖）变化监测统计表

地表覆盖类别	监测年度	面积/公顷	较上年度变化/公顷
水域（覆盖）	2017年	63.49	—
	2018年	65.19	1.7
	2019年	65.19	0.00

2. 水体

对保护区内的水体分类型统计结果显示，在不同水体类型中，河流面积达116.06公顷，占水体总面积的95.56%，河流线长度也达263.78千米。按照监测规则，没有符合监测面积指标的水渠和湖泊面积，水库和坑塘合计仅占水体总面积的4.44%。水体统计如表2.5.8所示。

表2.5.8　水体统计表

水体类型	子类型	长度/千米	面积/公顷
河渠	河流	263.78	116.06
	水渠	—	—
湖泊	湖泊	—	—
库塘	水库	—	3.51
	坑塘	—	1.86

2.5.5　荒漠与裸露地

保护区内荒漠与裸露地总面积89.94公顷，仅占保护区总面积的0.21%，包括泥土地表、砾石地表和岩石地表。

保护区内按功能分区统计的荒漠与裸露地面积及占比如表2.5.9所示。

表2.5.9　荒漠与裸露地统计表

功能分区	面积/公顷	占比/%
核心区	11.36	0.04
缓冲区	16.39	0.59
实验区	62.19	0.51
保护区全域	89.94	0.21

表 2.5.10 是保护区 2017—2019 年三个年度的荒漠与裸露地变化监测统计表，可以看出，2018 年度监测结果较 2017 年度减少了 1.40 公顷，2019 年度较 2018 年度增加了 0.35 公顷，总体上荒漠与裸露地面积没有明显变化。

表 2.5.10　荒漠与裸露地变化监测统计表

地表覆盖类别	监 测 年 度	面积 / 公顷	较上年度变化 / 公顷
荒漠与裸露地	2017 年	90.99	—
	2018 年	89.59	–1.40
	2019 年	89.94	0.35

2.5.6　人工堆掘地

保护区内的人工堆掘地有露天采掘场、建筑工地和其他人工堆掘地三个类型，合计面积占保护区总面积的 0.06%，其中建筑工地占保护区总面积的 0.02%，主要分布在保护区的北部边缘地带。

保护区内按功能分区统计的人工堆掘地面积及占比如表 2.5.11 所示。

表 2.5.11　人工堆掘地统计表

功 能 分 区	面积 / 公顷	占比 /%
核心区	—	—
缓冲区	0.50	0.02
实验区	26.60	0.22
保护区全域	27.10	0.06

表 2.5.12 是保护区 2017—2019 年三个年度人工堆掘地变化监测统计表，2018 年度较 2017 年度增加了 4.25 公顷，2019 年度较 2018 年度减少了 0.67 公顷。因保护区最北端，昔坪村附近新建水库工程，人工堆掘地总面积统计上呈先增后减趋势，总体上面积是增加的。

表 2.5.12　人工堆掘地变化监测统计表

地表覆盖类别	监 测 年 度	面积 / 公顷	较上年度变化 / 公顷
人工堆掘地	2017 年	23.52	—
	2018 年	27.77	4.25
	2019 年	27.10	–0.67

2.5.7 交通网络

1. 交通里程

按道路等级和类型，对保护区内的道路里程进行统计。

公路按道路国标统计共计 84.90 千米。其中，省道 S305 从西面通过北侧环绕至保护区东南侧，并有多个路段穿越保护区界线，统计里程 56.42 千米；县道和乡道主要起到连接居民区的作用，县道长 22.05 千米，乡道长 6.43 千米；保护区内无国道。

按道路技术等级统计，三级公路和四级公路里程分别为 59.48 千米和 25.42 千米。

保护区内乡村道路总里程 60.76 千米，包含农村硬化道路和机耕路，长度分别为 18.01 千米和 42.75 千米。道路分布如图 2.5.7 所示。

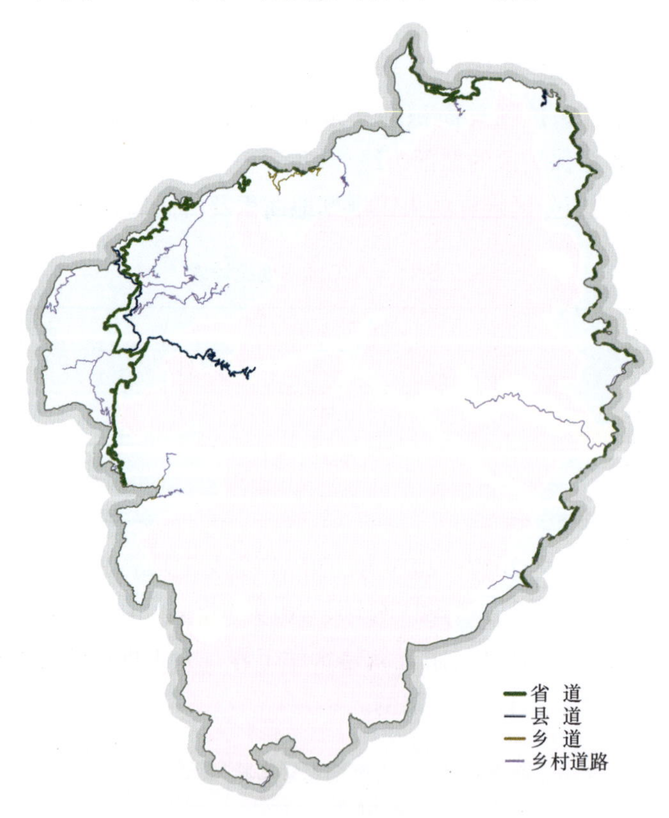

图 2.5.7 道路分布图

在监测时间段内，印江县部分既有乡村道路提升改造为公路，因而保护区内公路里程有所增加，而乡村道路总里程数略有减少。各类型道路里程变化情况如表 2.5.13 所示。

表 2.5.13　各类型道路里程变化监测统计表

监 测 年 度	铁路里程 / 千米	公路里程 / 千米	城市道路里程 / 千米	乡村道路里程 / 千米
2017 年	—	64.32	—	79.30
2018 年	—	78.87	—	79.22
2019 年	—	84.90	—	71.27

2. 道路面积

保护区道路面积（含公路、乡村道路）共 82.41 公顷，面积仅占整个保护区面积的 0.19%。按占比统计，核心区道路面积极小，占比不到核心区总面积的 0.01%，缓冲区道路面积占缓冲区总面积的 0.17%，实验区道路面积占实验区总面积的 0.64%。道路面积统计如表 2.5.14 所示。

表 2.5.14　道路面积统计表

功 能 分 区	面积 / 公顷	占比 /%
核心区	0.10	0.00
缓冲区	4.68	0.17
实验区	77.63	0.64
保护区全域	82.41	0.19

表 2.5.15 是 2017—2019 年的道路面积变化监测统计表。从表中可以看出，2018 年度较 2017 年度道路面积增加了 0.99 公顷，2019 年度较 2018 年度又减少了 1.34 公顷，总体上面积略有减少，变化不大。

表 2.5.15　道路面积变化监测统计表

地表覆盖类别	监 测 年 度	面积 / 公顷	较上年度变化 / 公顷
路面	2017 年	82.76	—
	2018 年	83.75	0.99
	2019 年	82.41	–1.34

2.5.8　居民地与设施

1. 房屋建筑区

保护区房屋建筑区总面积 71.73 公顷，面积占保护区总面积的 0.17%。其中，81.54% 的建筑区为低矮房屋建筑区。核心区房屋建筑区面积小，占比不到核心区总面积的 0.01%，缓冲区房屋建筑区面积占缓冲区总面积的 0.15%，实验区房屋建筑区面积占实验区总面积的 0.55%。

保护区内按功能分区统计的房屋建筑区面积及占比如表 2.5.16 所示。

表 2.5.16 房屋建筑区统计表

功能分区	面积 / 公顷	占比 /%
核心区	0.33	0.00
缓冲区	4.24	0.15
实验区	67.16	0.55
保护区全域	71.73	0.17

表 2.5.17 是保护区内房屋建筑区变化监测统计表，保护区内的房屋建筑区三个年度总体变化趋势为增加。房屋建筑区分布及变化情况如图 2.5.8 所示。

表 2.5.17 房屋建筑区变化监测统计表

地表覆盖类别	监测年度	面积 / 公顷	较上年度变化 / 公顷
房屋建筑区	2017 年	67.99	—
	2018 年	68.58	0.59
	2019 年	71.73	3.15

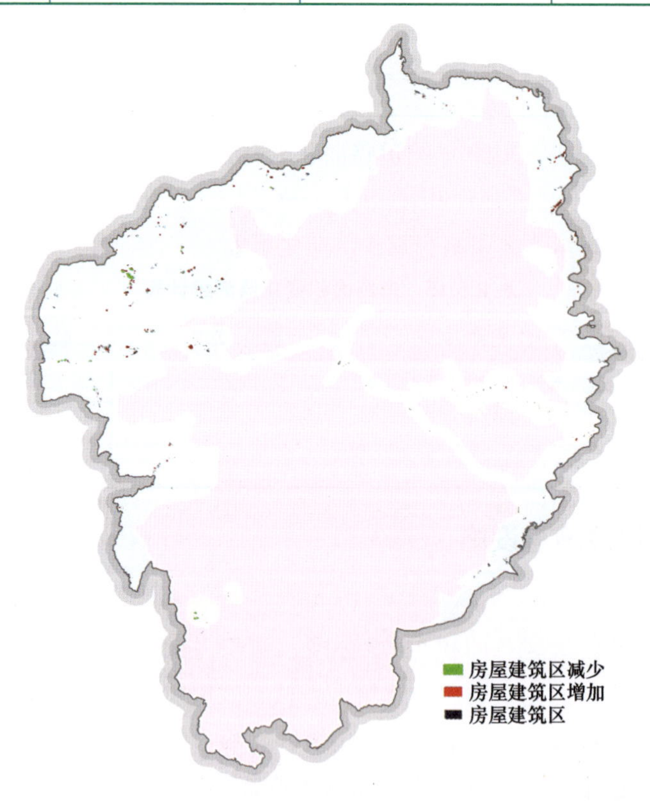

图 2.5.8 房屋建筑区分布及变化图

2. 构筑物

保护区内构筑物总面积 8.82 公顷，居民地房前屋后生产生活硬化的地表，硬化地表占了构筑物总面积的 98.41%。

保护区内按功能分区统计的构筑物面积及占比如表 2.5.18 所示。

表 2.5.18　构筑物统计表

功 能 分 区	面积 / 公顷	占比 /%
核心区	—	—
缓冲区	0.44	0.02
实验区	8.38	0.07
保护区全域	8.82	0.02

表 2.5.19 是保护区 2017—2019 年三个年度的构筑物变化监测统计表，从表中可以看出，三个年度监测结果显示构筑物总体变化趋势为减少。

表 2.5.19　构筑物变化监测统计表

地表覆盖类别	监 测 年 度	面积 / 公顷	较上年度变化 / 公顷
构筑物	2017 年	9.22	—
	2018 年	8.78	–0.44
	2019 年	8.82	0.04

2.6 贵州宽阔水国家级自然保护区

2.6.1　保护区概况

2007 年 4 月，国务院将宽阔水保护区批准为国家级自然保护区。保护区主要保护对象为中亚热带常绿阔叶林森林生态系统和珍稀野生动植物。保护区喀斯特地貌与常态侵蚀地貌并存，顶级生态系统和演替生态系统并存，是喀斯特非地带性森林生态系统和地带性森林生态系统对比研究的重要基地。

保护区位于贵州省遵义市绥阳县境内，东西方向长度为 19.18 千米，南北长度为 24.09 千米。保护区总面积 26152.04 公顷，其中核心区面积 8979.89 公顷，占总面积的 34.34%；缓冲区面积 6233.51 公顷，占总面积的 23.84%；实验区面积 10938.64 公顷，占总面积的 41.82%。涉及绥阳县的宽阔、黄杨、旺草、茅垭、青杠塘、枧坝、土坪、温泉 8 个镇。保护区功能分区示意图如图 2.6.1 所示。

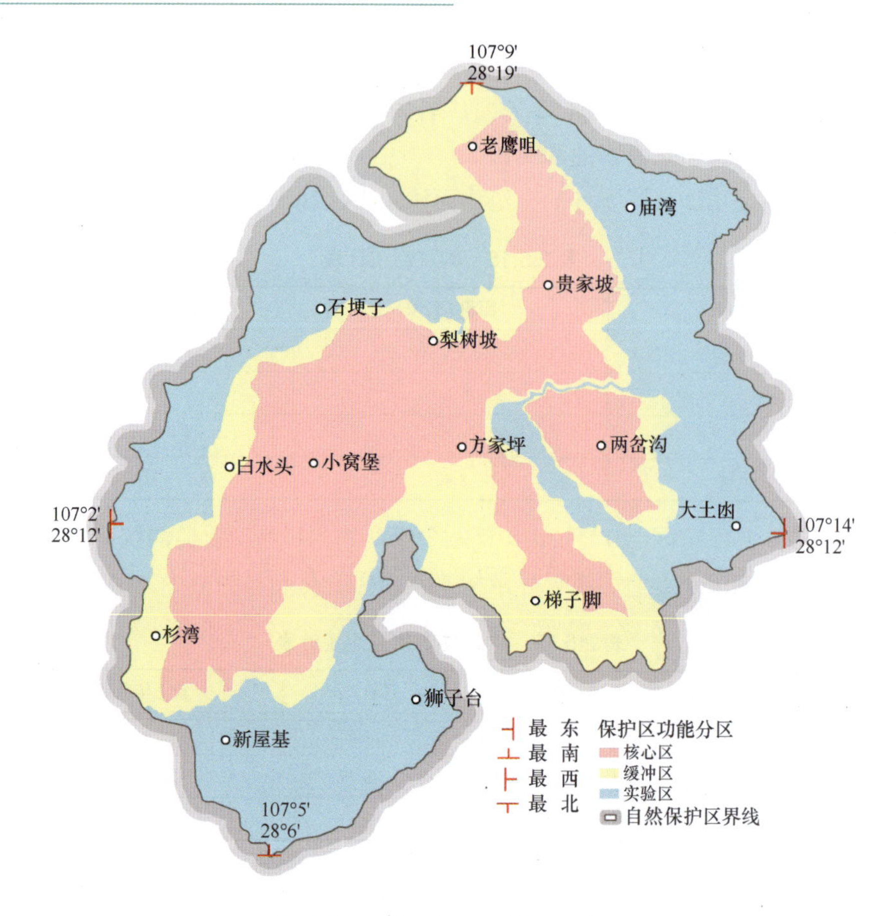

图 2.6.1 保护区功能分区示意图

保护区卫星影像图是利用资源三号卫星影像制作的，时相为 2020 年 3 月，如图 2.6.2 所示。

保护区范围内分布有种植土地、林草覆盖、房屋建筑区、铁路与道路、构筑物、人工堆掘地、荒漠与裸露地、水域（覆盖）8 个一级类。种植土地覆盖面积 2684.99 公顷，占总面积的 10.27%；林草覆盖面积 23136.99 公顷，占总面积的 88.46%；房屋建筑区覆盖面积 101.09 公顷，占总面积的 0.39%；铁路与道路覆盖面积 85.07 公顷，占总面积的 0.33%；构筑物覆盖面积 8.25 公顷，占总面积的 0.03%；人工堆掘地覆盖面积 35.52 公顷，占总面积的 0.14%；荒漠与裸露地覆盖面积 45.13 公顷，占总面积的 0.17%；水域（覆盖）面积 55.00 公顷，占总面积的 0.21%。保护区的地表覆盖面积及占比如表 2.6.1 所示，地表覆盖分布如图 2.6.3 所示。

图 2.6.2　保护区卫星影像图

表 2.6.1　地表覆盖统计表

地表覆盖类别	面积 / 公顷	占比 /%
种植土地	2684.99	10.27
林草覆盖	23136.99	88.46
房屋建筑区	101.09	0.39
铁路与道路	85.07	0.33
构筑物	8.25	0.03
人工堆掘地	35.52	0.14
荒漠与裸露地	45.13	0.17
水域（覆盖）	55.00	0.21
合计	26152.04	100.00

图 2.6.3　地表覆盖分布图

2.6.2　地形

1. 高程信息

保护区位于黔北山地大娄山脉东部斜坡地带，地势中部高、西部低，高程为 644 ～ 1762 米，将保护区范围内高程划分为 6 级。保护区高程分级面积及占比如表 2.6.2 所示，高程分级分布如图 2.6.4 所示。

表 2.6.2　高程分级面积及占比统计表

高程分级 / 米	面积 / 公顷	占比 /%
600 ～ 800	1210.84	4.63
800 ～ 1000	4398.77	16.82
1000 ～ 1200	5369.01	20.53

（续表）

高程分级 / 米	面积 / 公顷	占比 /%
1200 ～ 1400	7992.06	30.56
1400 ～ 1600	6519.71	24.93
1600 ～ 1800	661.65	2.53
合计	26152.04	100.00

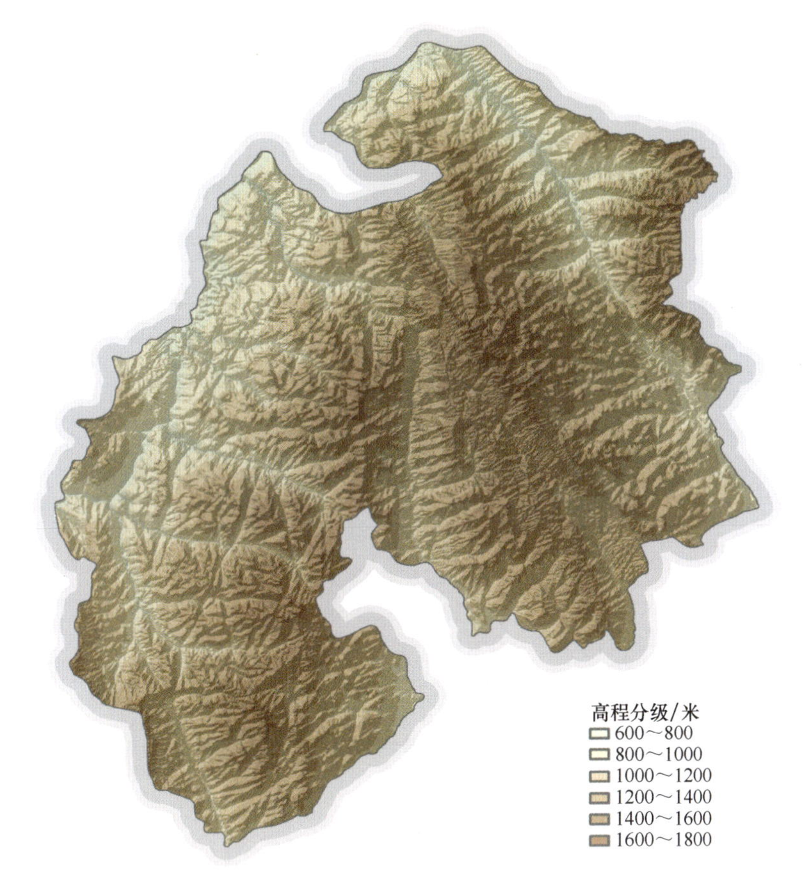

图 2.6.4　高程分级分布图

2. 坡度信息

将保护区范围内坡度分为 10 级，整个保护区范围内，坡度在 25° 以上的面积为 16212.42 公顷，占总面积的 61.99%。保护区范围内的平地面积很少，坡度在 15° 以下的面积总和仅有 3278.69 公顷，占比仅为 12.54%。保护区坡度分级面积及占比如表 2.6.3 所示，坡度分级分布如图 2.6.5 所示。

表 2.6.3 坡度分级面积及占比统计表

坡度分级	面积 / 公顷	占比 /%
0° ～ 2°	22.71	0.09
2° ～ 3°	27.81	0.11
3° ～ 5°	144.78	0.55
5° ～ 6°	132.39	0.51
6° ～ 8°	384.74	1.47
8° ～ 10°	546.75	2.09
10° ～ 15°	2019.52	7.72
15° ～ 25°	6660.92	25.47
25° ～ 35°	7950.29	30.40
⩾ 35°	8262.13	31.59
合计	26152.04	100.00

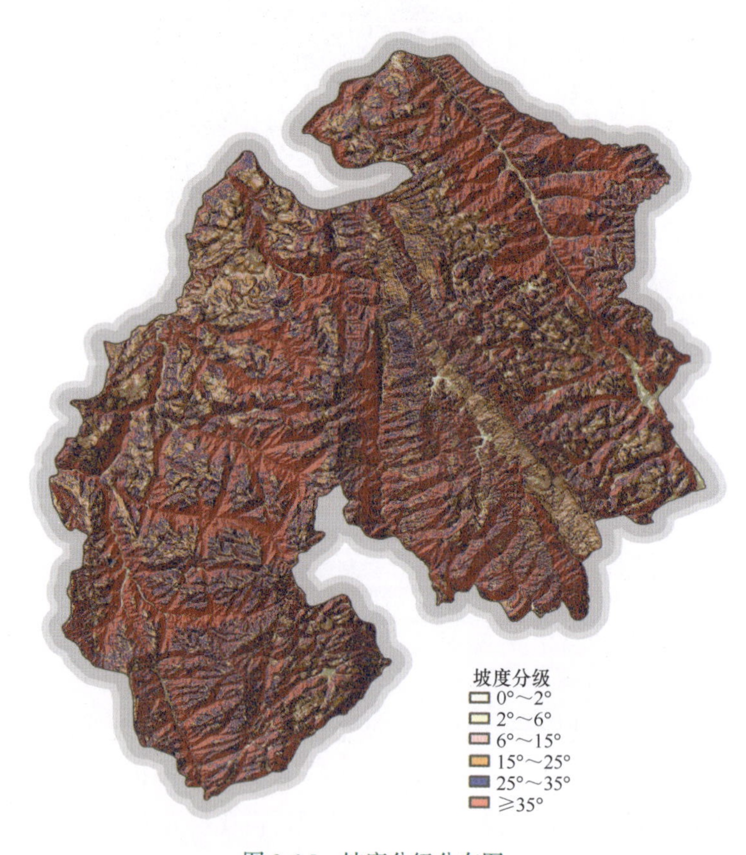

图 2.6.5 坡度分级分布图

2.6.3　植被

植被覆盖面积为 25821.98 公顷，占保护区土地面积的 98.74%。植被覆盖包括种植土地、林草覆盖两个大类，分别占保护区土地面积的 10.27% 和 88.47%。保护区内种植土地较少，主要分布在四周地势较为平坦的区域，林草地则分布较为广泛。植被面积、占比和构成比的统计如表 2.6.4 所示。

表 2.6.4　植被统计表

功能分区	植被覆盖类型	面积 / 公顷	占比 /%	构成比 /%
核心区	种植土地	382.08	4.25	4.27
	林草覆盖	8563.88	95.37	95.73
	合计	8945.96	99.62	100.00
缓冲区	种植土地	648.61	10.41	10.52
	林草覆盖	5514.82	88.47	89.48
	合计	6163.43	98.88	100.00
实验区	种植土地	1654.30	15.12	15.44
	林草覆盖	9058.29	82.81	84.56
	合计	10712.59	97.93	100.00
保护区全域	种植土地	2684.99	10.27	10.40
	林草覆盖	23136.99	88.47	89.60
	合计	25821.98	98.74	100.00

表 2.6.5 统计的是 2017—2019 年三个年度的植被覆盖变化监测情况。从表中可以看出，种植土地 2018 年度较 2017 年度面积减少了 0.31 公顷，2019 年度较 2018 年度减少了 1.59 公顷，总体呈减少趋势；林草覆盖 2018 年度较 2017 年度减少了 14.47 公顷，2019 年度较 2018 年度减少了 9.33 公顷，总体呈减少趋势。

表 2.6.5　植被覆盖变化监测统计表

地表覆盖类别	监测年度	面积 / 公顷	较上年度变化 / 公顷
种植土地	2017 年	2686.89	—
	2018 年	2686.58	–0.31
	2019 年	2684.99	–1.59
林草覆盖	2017 年	23160.79	—
	2018 年	23146.32	–14.47
	2019 年	23136.99	–9.33

2.6.4 水域

1. 水域（覆盖）

水域（覆盖）总面积55.00公顷。从空间分布上，保护区内大部分地表水集中在实验区，主要为河流，面积44.53公顷。按占比统计，核心区水域（覆盖）面积占核心区总面积的0.01%，缓冲区水域（覆盖）面积占缓冲区总面积的0.15%，实验区水域（覆盖）面积占实验区总面积的0.41%。保护区水域（覆盖）统计信息如表2.6.6所示，水域分布如图2.6.6所示。

表2.6.6 水域（覆盖）统计表

功能分区	面积/公顷	占比/%
核心区	1.08	0.01
缓冲区	9.39	0.15
实验区	44.53	0.41
保护区全域	55.00	0.21

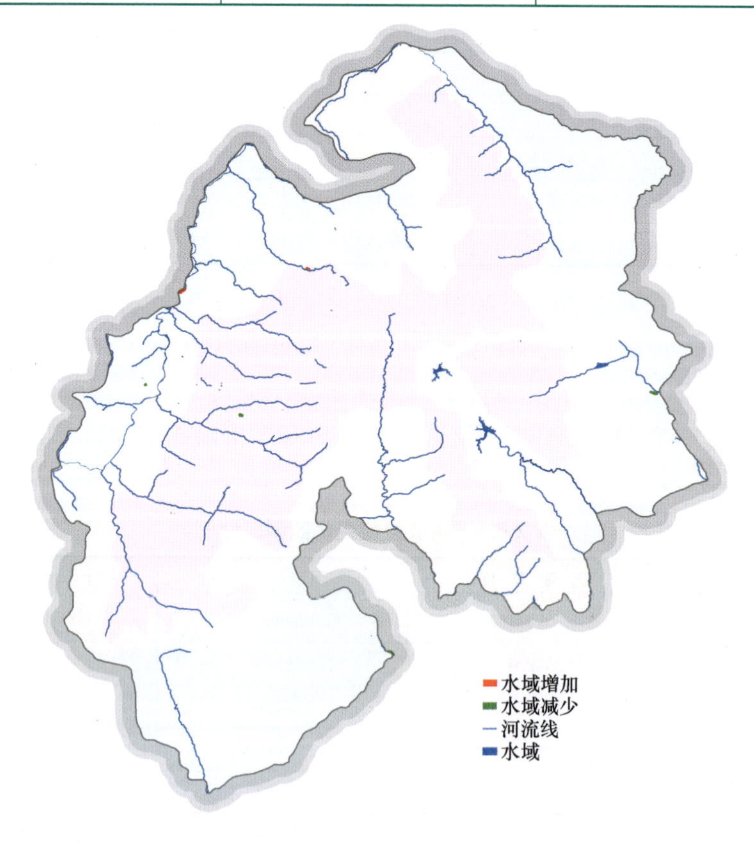

图2.6.6 水域分布图

表 2.6.7 统计的是 2017—2019 年三个年度的水域（覆盖）变化监测情况，从表中可以看出，2018 年度较 2017 年度增加了 0.25 公顷，2019 年度与 2018 年度相比未发生变化，三个年度水域（覆盖）总体没有发生明显变化。

表 2.6.7　水域（覆盖）变化监测统计表

地表覆盖类别	监 测 年 度	面积 / 公顷	较上年度变化 / 公顷
水域（覆盖）	2017 年	54.75	—
	2018 年	55.00	0.25
	2019 年	55.00	0.00

2. 水体

对保护区内的水体分类型统计结果显示，在不同水体类型中，河流总长度达 154.37 千米，水渠总长度 3.70 千米。河流面积达 44.36 公顷，占水体面积比达 55%。水渠宽度没有达到构面标准，未统计水体面积，水库面积达 31.94 公顷，坑塘面积达 4.37 公顷，保护区内没有湖泊。水体统计如表 2.6.8 所示。

表 2.6.8　水体统计表

水 体 类 型	子 类 型	长度 / 千米	面积 / 公顷
河渠	河流	154.37	44.36
	水渠	3.70	—
湖泊	湖泊	—	—
库塘	水库	—	31.94
	坑塘	—	4.37

2.6.5　荒漠与裸露地

保护区内荒漠与裸露地总面积 45.13 公顷，仅占保护区总面积的 0.17%，主要包括泥土地表、沙质地表、砾石地表和岩石地表。

保护区内按功能分区统计的荒漠与裸露地面积及占比如表 2.6.9 所示。

表 2.6.9　荒漠与裸露地统计表

功 能 分 区	面积 / 公顷	占比 /%
核心区	7.02	0.08
缓冲区	16.25	0.26
实验区	21.86	0.20
保护区全域	45.13	0.17

表 2.6.10 是保护区 2017—2019 年三个年度的荒漠与裸露地变化监测统计表，可以看出，2018 年度较 2017 年度减少了 1.47 公顷，2019 年度较 2018 年度又减少了 0.34 公顷。

表 2.6.10 荒漠与裸露地变化监测统计表

地表覆盖类别	监 测 年 度	面积 / 公顷	较上年度变化 / 公顷
荒漠与裸露地	2017 年	46.94	—
	2018 年	45.47	–1.47
	2019 年	45.13	–0.34

2.6.6 人工堆掘地

保护区内的人工堆掘地有建筑工地和其他人工堆掘地两个类型，合计面积占保护区总面积的 35.52%，其中建筑工地占保护区面积的 0.11%，主要分布在保护区的西北面。

保护区按功能分区统计的人工堆掘地面积及占比如表 2.6.11 所示。

表 2.6.11 人工堆掘地统计表

功 能 分 区	面积 / 公顷	占比 /%
核心区	—	—
缓冲区	3.61	0.06
实验区	31.91	0.29
保护区全域	35.52	0.14

表 2.6.12 是保护区 2017—2019 年三个年度的人工堆掘地变化监测统计表。可以看出，2018 年度较 2017 年度减少了 0.10 公顷，2019 年度较 2018 年度增加了 10.53 公顷，总体呈明显增加趋势。

表 2.6.12 人工堆掘地变化监测统计表

地表覆盖类别	监 测 年 度	面积 / 公顷	较上年度变化 / 公顷
人工堆掘地	2017 年	25.09	—
	2018 年	24.99	–0.10
	2019 年	35.52	10.53

2.6.7　交通网络

1. 交通里程

按道路等级和类型，对保护区内的道路里程进行统计。

公路按道路国标统计共计 53.13 千米，其中省道长 19.30 千米，为 S203 省道，以西北 – 东南走向穿过保护区东北部；县道长 18.25 千米，为 X3Q0 县道，分布于保护区的东部、中部，最后穿过东南侧的实验区；乡道长 15.58 千米。

按技术等级统计保护区内公路共有四级道路 47.03 千米，等外公路 6.10 千米。

保护区内乡村道路总里程 120.25 千米，包含农村硬化道路和机耕路，其中，农村硬化道路长 25.44 千米，机耕路长 94.81 千米。

表 2.6.13 是保护区 2017—2019 年三个年度的各类型道路里程变化监测统计表，在监测时间段内，公路里程和乡村道路里程都大幅度增加，其中公路里程增加了约 25 千米，乡村道路里程增加了约 37 千米。原因是在监测时间段内，既有乡村道路改造提升为公路，分别为宽阔—底水公路（Y013）、茅娅—分水岭公路（X3Q0）和漆树湾—白台公路（Y011）；同时在监测时间段内，贵州省实施了“组组通”道路工程，新建了部分乡村道路。

表 2.6.13　各类型道路里程变化监测统计表

监测年度	铁路里程 / 千米	公路里程 / 千米	城市道路里程 / 千米	乡村道路里程 / 千米
2017 年	—	28.12	—	83.38
2018 年	—	28.78	—	136.11
2019 年	—	53.13	—	120.25

道路分布具体位置如图 2.6.7 所示。

2. 道路面积

保护区道路面积（含公路、乡村道路）共 85.07 公顷，仅占保护区总面积的 0.33%。按占比统计，核心区道路面积占核心区面积的 0.15%，缓冲区道路面积占缓冲区面积的 0.26%，实验区道路面积占实验区面积的 0.51%。道路面积统计如表 2.6.14 所示。

表 2.6.15 是保护区 2017—2019 年三个年度的道路面积变化监测统计表。可以看出，道路面积增加约 16 公顷，面积变化较大，原因是在监测时间段内，新建了部分公路及乡村道路，道路面积呈增加趋势。

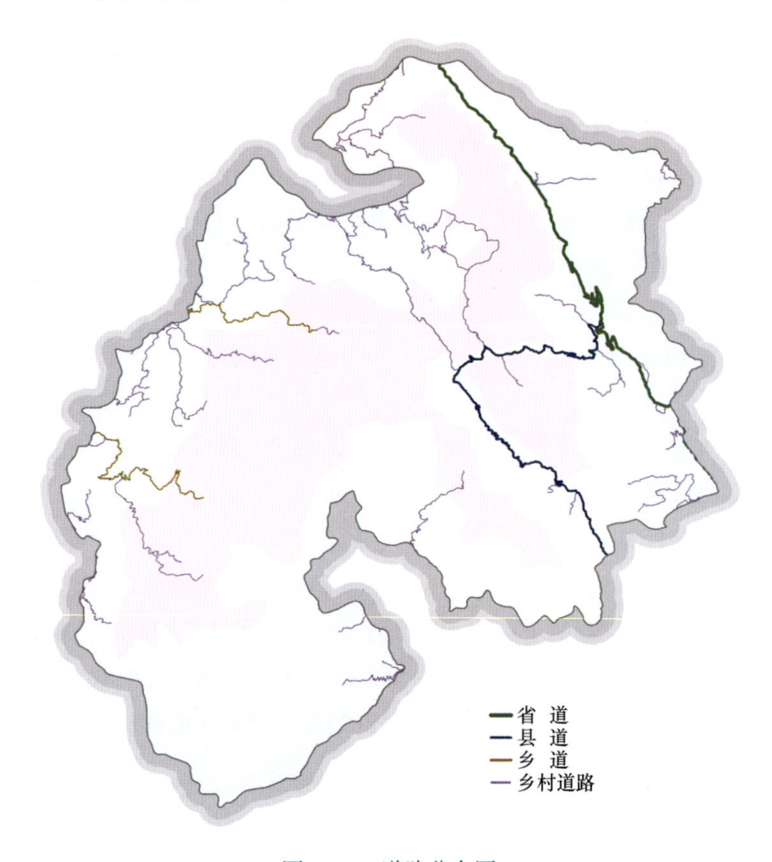

图 2.6.7　道路分布图

表 2.6.14　道路面积统计表

功 能 分 区	面积 / 公顷	占比 /%
核心区	13.59	0.15
缓冲区	16.17	0.26
实验区	55.31	0.51
保护区全域	85.07	0.33

表 2.6.15　道路面积变化监测统计表

地表覆盖类别	监 测 年 度	面积 / 公顷	较上年度变化 / 公顷
路面	2017 年	68.77	—
	2018 年	83.94	15.17
	2019 年	85.07	1.13

2.6.8　居民地与设施

1．房屋建筑区

保护区房屋建筑区面积 101.09 公顷，占总面积的 0.39%。其中，66.38% 的建筑区为低矮房屋建筑区，33.62% 的建筑区为低矮独立房屋建筑。按占比统计，核心区房屋建筑区面积占核心区面积的 0.13%，缓冲区房屋建筑区面积占缓冲区面积的 0.35%，实验区房屋建筑区面积占实验区面积的 0.62%。

保护区内按功能分区统计的房屋建筑区面积及占比如表 2.6.16 所示。

表 2.6.16　房屋建筑区统计表

功能分区	面积 / 公顷	占比 /%
核心区	11.29	0.13
缓冲区	22.06	0.35
实验区	67.74	0.62
保护区全域	101.09	0.39

表 2.6.17 是保护区 2017—2019 年三个年度的房屋建筑区变化监测统计表。可以看出，保护区内的房屋建筑区面积没有明显变化，2018 年度监测面积较 2017 年度增加了 1.07 公顷，2019 年度较 2018 年度减少了 0.41 公顷。房屋建筑区分布及变化情况如图 2.6.8 所示。

表 2.6.17　房屋建筑区变化监测统计表

地表覆盖类别	监测年度	面积 / 公顷	较上年度变化 / 公顷
房屋建筑区	2017 年	100.43	—
	2018 年	101.50	1.07
	2019 年	101.09	–0.41

2．构筑物

保护区内构筑物总面积 8.25 公顷，其中包括硬化护坡、场院、露天堆放场等在内的硬化地表 6.32 公顷，水工设施 0.34 公顷，温室大棚 1.03 公顷，固化池 0.56 公顷。

保护区内按功能分区统计的构筑物面积及占比如表 2.6.18 所示。

表 2.6.19 是保护区 2017—2019 年三个年度的构筑物变化监测统计表，可以看出，构筑物总体基本未发生变化。

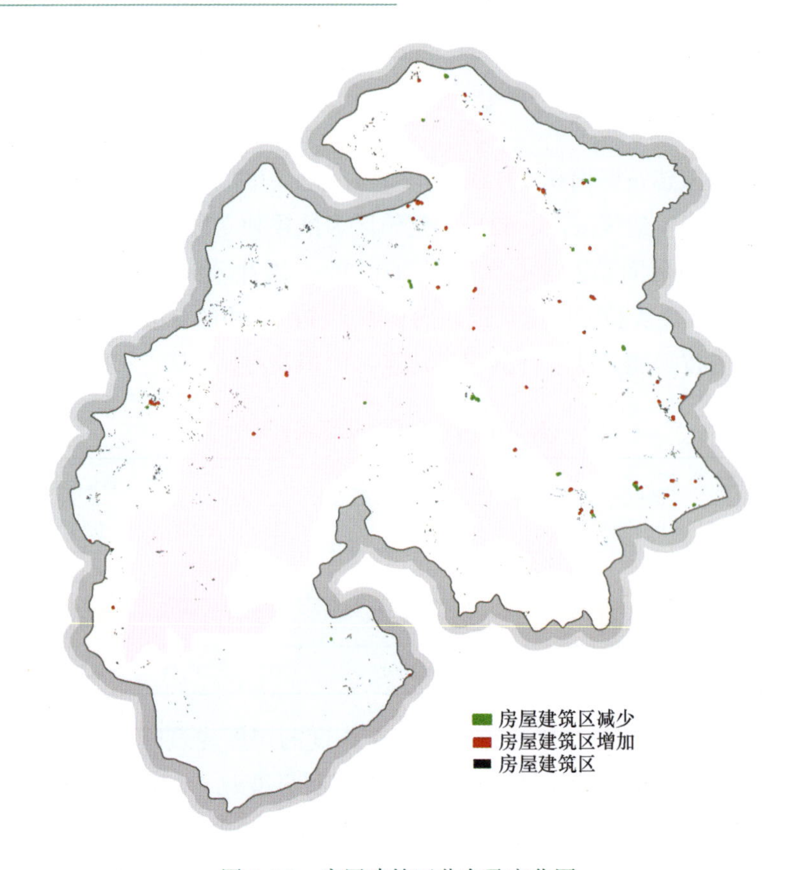

图 2.6.8　房屋建筑区分布及变化图

表 2.6.18　构筑物统计表

功 能 分 区	面积 / 公顷	占比 /%
核心区	0.95	0.01
缓冲区	2.59	0.04
实验区	4.71	0.04
保护区全域	8.25	0.03

表 2.6.19　构筑物变化监测统计表

地表覆盖类别	监 测 年 度	面积 / 公顷	较上年度变化 / 公顷
构筑物	2017 年	8.38	—
	2018 年	8.25	–0.13
	2019 年	8.25	0.00

2.7 贵州雷公山国家级自然保护区

2.7.1　保护区概况

雷公山自然保护区（下简称保护区）于 1982 年 6 月经贵州省人民政府批准建立，2001 年 6 月经国务院批准晋升为国家级自然保护区，2007 年 11 月加入中国生物圈保护区网络，保护区管理局隶属于贵州省林业局。保护区主要保护对象为以中国台湾地区的台湾杉等珍稀生物为主的森林生态系统。主要保护的类型有秃杉林，各类常绿阔叶林，中山常绿、落叶阔叶混交林，水青冈林，山顶苔藓矮林，山顶杜鹃、箭竹灌丛，山顶盆地苔藓沼泽等。

保护区位于贵州省黔东南地区的中部，地跨雷山、台江、剑河、榕江四县，是长江水系与珠江水系的分水岭。保护区东西方向长度为 32.86 千米，南北长度为 32.27 千米，形状不规则。保护区总面积 47744.71 公顷，其中核心区面积 16063.30 公顷，占总面积的 33.65%；实验区面积 20837.81 公顷，占总面积的 43.64%；缓冲区面积 10843.60 公顷，占总面积的 22.71%。保护区功能分区示意图如图 2.7.1 所示。

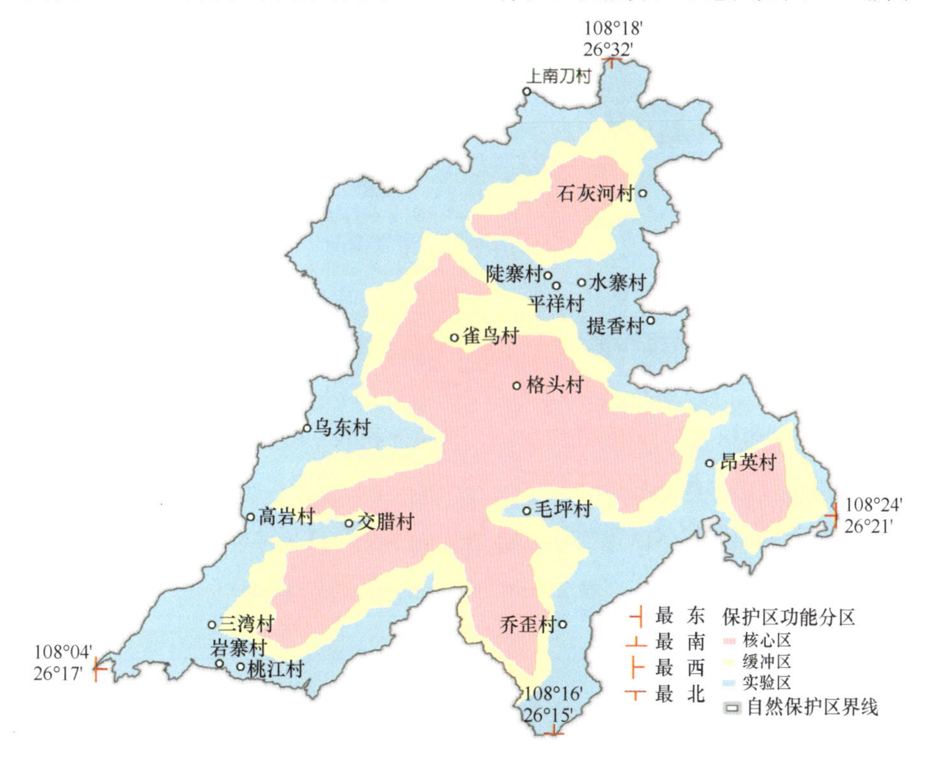

图 2.7.1　保护区功能分区示意图

保护区卫星影像图是利用高分一号卫星影像制作的，时相为 2020 年 2 月，如图 2.7.2 所示。

图 2.7.2　保护区卫星影像图

保护区范围内分布有种植土地、林草覆盖、房屋建筑区、铁路与道路、构筑物、人工堆掘地、荒漠与裸露地、水域（覆盖）8 个一级类。种植土地覆盖面积 1912.28 公顷，占总面积的 4.01%；林草覆盖面积 45455.28 公顷，占总面积的 95.20%；房屋建筑区覆盖面积 85.28 公顷，占总面积的 0.18%；铁路与道路、构筑物、人工堆掘地、荒漠与裸露地覆盖面积、水域覆盖面积较小，合计占总面积的 0.61%。保护区的地表覆盖面积及占比如表 2.7.1 所示，地表覆盖分布如图 2.7.3 所示。

表 2.7.1　地表覆盖统计表

地表覆盖类别	面积 / 公顷	占比 /%
种植土地	1912.28	4.01
林草覆盖	45455.28	95.20
房屋建筑区	85.28	0.18

（续表）

地表覆盖类别	面积 / 公顷	占比 /%
铁路与道路	114.59	0.24
构筑物	13.97	0.03
人工堆掘地	29.22	0.06
荒漠与裸露地	20.00	0.04
水域（覆盖）	114.09	0.24
合计	47744.71	100.00

图 2.7.3　地表覆盖分布图

2.7.2　地形

1. 高程信息

保护区总体地势表现为东低西高，高差大，高程在 1000 米以下的面积为 6995.72 公顷，占总面积的 14.65%；1000 ～ 2000 米的面积为 40497.88 公顷，占总面积的 84.82%；2000 米以上的面积为 251.11 公顷，占总面积的 0.53%。

保护区高程分级的面积及占比如表 2.7.2 所示，高程分级分布如图 2.7.4 所示。

表 2.7.2　高程分级面积及占比统计表

高程分级 / 米	面积 / 公顷	占比 /%
500 ～ 800	1375.62	2.88
800 ～ 1000	5620.10	11.77
1000 ～ 1200	10319.26	21.61
1200 ～ 1500	16142.32	33.81
1500 ～ 2000	14036.30	29.40
2000 ～ 2500	251.11	0.53
合计	47744.71	100.00

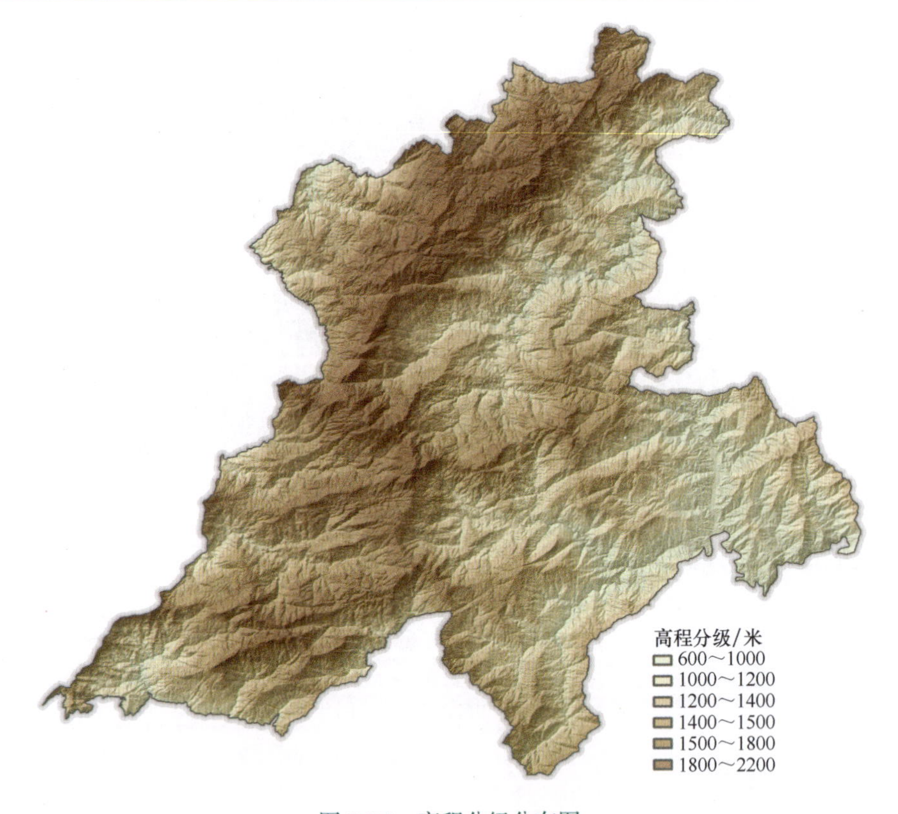

图 2.7.4　高程分级分布图

2．坡度信息

将保护区范围内坡度分为 10 级，坡度在 15° 以上的面积为 44025.38 公顷，占总面积的 92.21%。保护区范围内的平地面积很小，坡度在 6° 以下的面积总和仅有 341.13 公顷，占比仅为 0.71%。保护区坡度分级面积及百分比如表 2.7.3 所示，坡度分级分布如图 2.7.5 所示。

表 2.7.3　坡度分级面积及占比统计表

坡度分级	面积 / 公顷	占比 /%
0° ～ 2°	71.95	0.15
2° ～ 3°	36.21	0.08
3° ～ 5°	126.74	0.27
5° ～ 6°	106.23	0.22
6° ～ 8°	323.35	0.68
8° ～ 10°	522.68	1.09
10° ～ 15°	2532.17	5.30
15° ～ 25°	12467.33	26.11
25° ～ 35°	18552.15	38.86
≥ 35°	13005.90	27.24
合计	47744.71	100.00

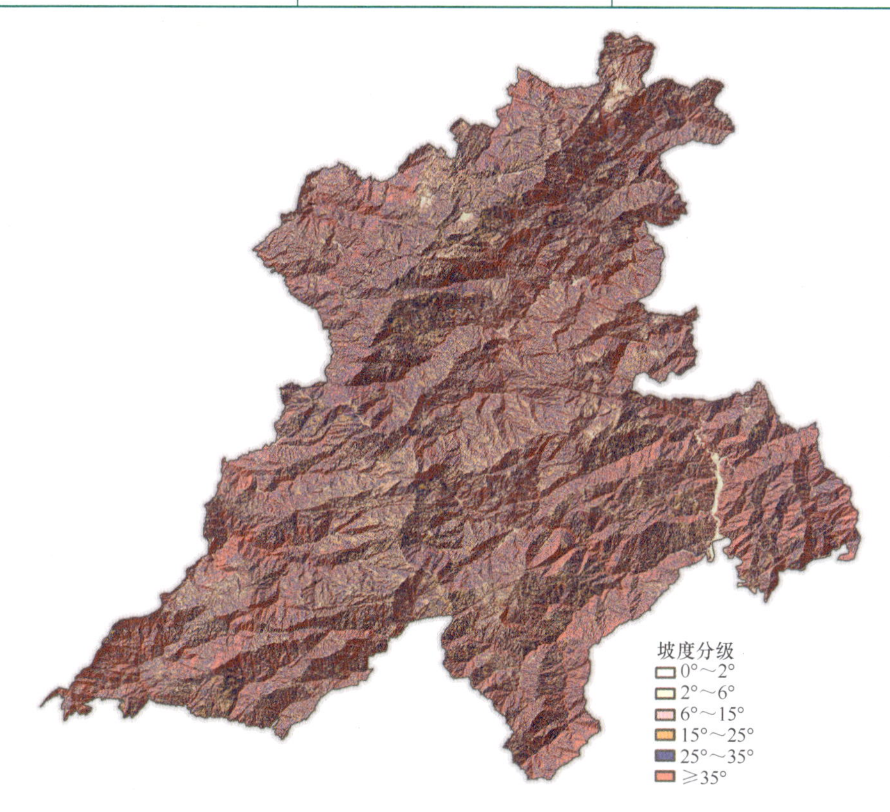

图 2.7.5　坡度分级分布图

2.7.3 植被

保护区内植被覆盖面积47367.56公顷，占保护区总面积的99.21%。植被覆盖包括种植土地、林草覆盖两个大类。其中林草覆盖面积最大，占总面积的95.20%，种植土地面积仅占总面积的4.01%。植被面积、占比和构成比的统计如表2.7.4所示。

表2.7.4 植被统计表

功能分区	植被覆盖类型	面积/公顷	占比/%	构成比/%
核心区	种植土地	268.50	1.67	1.68
	林草覆盖	15752.86	98.07	98.32
	合计	16021.36	99.74	100.00
缓冲区	种植土地	352.09	3.25	3.26
	林草覆盖	10442.21	96.30	96.74
	合计	10794.30	99.55	100.00
实验区	种植土地	1291.69	6.20	6.29
	林草覆盖	19260.21	92.43	93.71
	合计	20551.90	98.63	100.00
保护区全域	种植土地	1912.28	4.01	4.04
	林草覆盖	45455.28	95.20	95.96
	合计	47367.56	99.21	100.00

表2.7.5统计的是2017—2019年三个年度的植被变化监测情况。从表中可以看出，种植土地2018年度较2017年度减少了21.03公顷，2019年度较2018年度又减少了1.2公顷，总体上种植土地呈现减少趋势；林草覆盖2018年度较2017年度增加了0.97公顷，2019年度较2018年度减少了2.56公顷，总体上林草覆盖面积呈减少趋势。

表2.7.5 植被变化监测统计表

地表覆盖类别	监测年度	面积/公顷	较上年度变化/公顷
种植土地	2017年	1934.51	—
	2018年	1913.48	–21.03
	2019年	1912.28	–1.20
林草覆盖	2017年	45456.87	—
	2018年	45457.84	0.97
	2019年	45455.28	–2.56

2.7.4　水域

1. 水域（覆盖）

保护区水域（覆盖）面积 114.09 公顷，其中实验区水域（覆盖）面积 80.81 公顷，占整个保护区水域（覆盖）面积的 71%。从空间分布上，水面主要分布在地势较低、较平坦的区域，与保护区地形起伏大的特点相符。水域（覆盖）面积及占比如表 2.7.6 所示，水域分布如图 2.7.6 所示。

表 2.7.6　水域（覆盖）统计表

功 能 分 区	面积 / 公顷	占比 /%
核心区	13.65	0.09
缓冲区	19.63	0.18
实验区	80.81	0.39
保护区全域	114.09	0.24

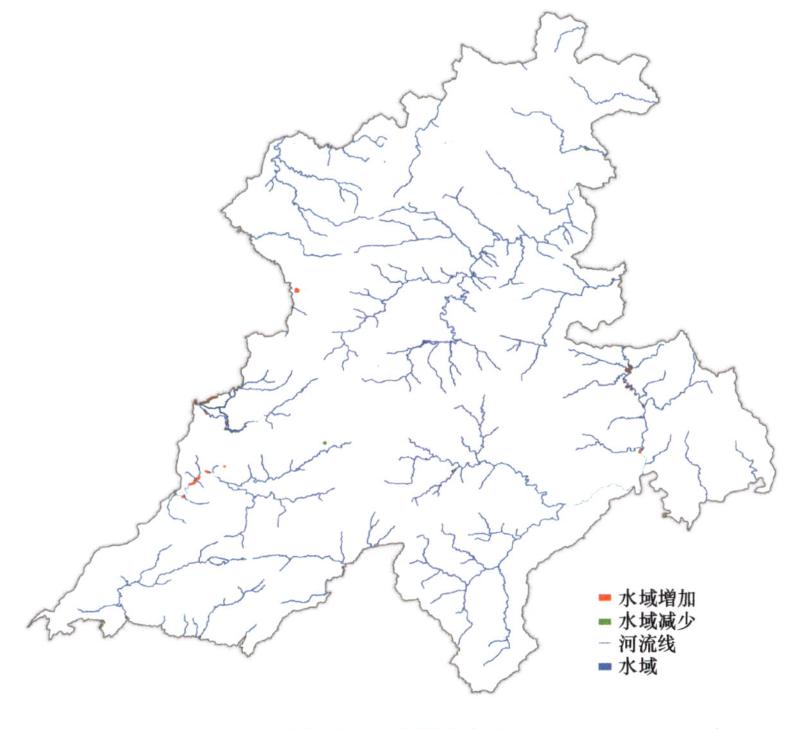

图 2.7.6　水域分布图

表 2.7.7 统计的是 2017—2019 年三个年度的水域（覆盖）变化监测情况，从表中可以看出，2018 年度较 2017 年度增加了 0.59 公顷，2019 年度较 2018

年度增加了 0.05 公顷。总体上，水域（覆盖）面积基本未发生变化。

表 2.7.7　水域（覆盖）变化监测统计表

地表覆盖类别	监 测 年 度	面积 / 公顷	较上年度变化 / 公顷
水域（覆盖）	2017 年	113.43	—
	2018 年	114.02	0.59
	2019 年	114.07	0.05

2. 水体

对保护区内的水体分类型统计结果显示，在不同水体类型中，河流总长度达 407.14 千米，河流面积 36.96 公顷，水渠总长度达 7.36 千米，水渠宽度未达到构面标准，未统计面积，坑塘面积 4.24 公顷，水库面积 7.45 公顷，保护区内没有湖泊。水体统计如表 2.7.8 所示。

表 2.7.8　水体统计表

水 体 类 型	子 类 型	长度 / 千米	面积 / 公顷
河渠	河流	407.14	36.96
	水渠	7.36	—
湖泊	湖泊	—	—
库塘	水库	—	7.45
	坑塘	—	4.24

2.7.5　荒漠与裸露地

保护区内荒漠与裸露地总面积为 20.00 公顷，其中，核心区分布最多，占荒漠与裸露地总面积的 80.15%，实验区分布最少，占荒漠与裸露地总面积的 4.35%。

保护区内按功能分区统计的荒漠与裸露地面积及占比如表 2.7.9 所示。

表 2.7.9　荒漠与裸露地统计表

功 能 分 区	面积 / 公顷	占比 /%
核心区	16.03	0.08
缓冲区	3.10	0.02
实验区	0.87	0.01
保护区全域	20.00	0.04

表 2.7.10 是保护区 2017—2019 年三个年度的荒漠与裸露地变化监测统计表，可以看出，2018 年度监测结果较 2017 年度减少了 9.63 公顷，2019 年度较

2018 年度未发生变化。

表 2.7.10　荒漠与裸露地变化监测统计表

地表覆盖类别	监 测 年 度	面积 / 公顷	较上年度变化 / 公顷
荒漠与裸露地	2017 年	29.63	—
	2018 年	20.00	–9.63
	2019 年	20.00	0.00

2.7.6　人工堆掘地

保护区内的人工堆掘地有露天采掘场、建筑工地、其他人工堆掘地三个类型，合计面积占保护区总面积的 0.06%，其中建筑工地占保护区总面积的 0.03%，露天采掘场占保护区总面积的 0.01%，其他人工堆掘地占保护区总面积的 0.02%。

保护区内按功能分区统计的人工堆掘地面积及占比如表 2.7.11 所示。

表 2.7.11　人工堆掘地统计表

功 能 分 区	面积 / 公顷	占比 /%
核心区	—	—
缓冲区	1.80	0.02
实验区	27.42	0.13
保护区全域	29.22	0.06

表 2.7.12 是保护区 2017—2019 年三个年度的人工堆掘地变化监测统计表，可以看出，2018 年度监测结果较 2017 年度增加了 2.25 公顷，2019 年度较 2018 年度减少了 0.32 公顷，总体呈增加趋势。

表 2.7.12　人工堆掘地变化监测统计表

地表覆盖类别	监 测 年 度	面积 / 公顷	较上年度变化 / 公顷
人工堆掘地	2017 年	27.29	—
	2018 年	29.54	2.25
	2019 年	29.22	–0.32

2.7.7　交通网络

1. 交通里程

按道路等级和类型，对保护区内的道路里程进行统计。

公路按道路国标统计共计 134.39 千米，有国道 G211 从保护区东部通过，其中有 11.31 千米公路位于保护区范围内，有省道 S204 沿保护区南部边缘通过，省道 S316 自西向东横穿保护区，保护区内省道总长 51.50 千米。另外，保护区内还有县道 34.35 千米，乡道 37.23 千米。

按道路技术等级统计，二级公路长 0.20 千米，三级公路长 44.54 千米，四级公路长 82.25 千米，等外公路长 7.40 千米。

保护区内乡村道路总里程 125.96 千米，包含农村硬化道路和机耕路，长度分别为 2.72 千米和 9.88 千米。

道路分布具体位置如图 2.7.7 所示。

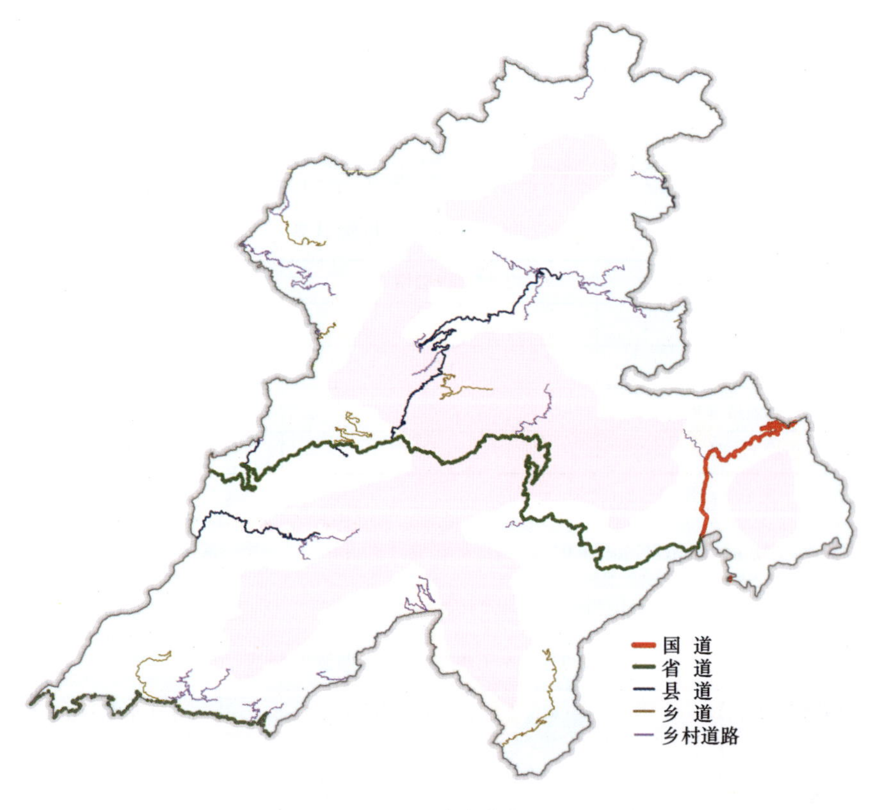

图 2.7.7 道路分布图

表 2.7.13 是保护区 2017—2019 年三个年度的各类型道路里程变化监测统计表。从统计结果可以看出，公路里程增加了 43.12 千米，乡村道路里程增加了约 15 千米。在监测时间段内新增了银川—榕江公路（G211）、洪州—凯里公路（S316）、促水—佳荣公路（S204）、台拱—雷公山公路（X845）、雷公山—羊排

公路（X8N3）等多条公路，同时监测时间段内贵州省实施了“组组通”道路工程，因而道路里程和面积都有所增加。

表 2.7.13　各类型道路里程变化监测统计表

监 测 年 度	铁路里程 / 千米	公路里程 / 千米	城市道路里程 / 千米	乡村道路里程 / 千米
2017 年	—	91.27	—	110.17
2018 年	—	91.12	—	130.35
2019 年	—	134.39	—	125.96

2. 道路面积

保护区道路面积（含公路、乡村道路）共 114.59 公顷，面积仅占整个保护区面积的 0.24%。按占比统计，核心区道路面积占核心区总面积的 0.12%，缓冲区道路面积占缓冲区总面积的 0.16%，实验区道路面积占实验区总面积的 0.37%。

保护区按功能分区统计的道路面积及占比如表 2.7.14 所示。

表 2.7.14　道路面积统计表

功 能 分 区	面积 / 公顷	占比 /%
核心区	19.62	0.12
缓冲区	17.42	0.16
实验区	77.55	0.37
保护区全域	114.59	0.24

表 2.7.15 是保护区 2017—2019 年三个年度的道路面积变化监测统计表。可以看出，2018 年度较 2017 年度增加了 12.67 公顷，2019 年度较 2018 年度仅增加 1.23 公顷。

表 2.7.15　道路面积变化监测统计表

地表覆盖类别	监 测 年 度	面积 / 公顷	较上年度变化 / 公顷
路面	2017 年	100.69	—
	2018 年	113.36	12.67
	2019 年	114.59	1.23

2.7.8　居民地与设施

1. 房屋建筑区

保护区范围内包含部分村落和聚居点，房屋建筑总面积 85.28 公顷，占总面积的 0.18%，85.72% 的建筑区为低矮房屋建筑区。按占比统计，核心区房屋建筑区面积占核心区总面积的 0.03%，缓冲区房屋建筑区面积占缓冲区总面积的 0.08%，实验区房屋建筑区面积占实验区总面积的 0.34%。

保护区按功能分区统计的房屋建筑区面积及占比如表 2.7.16 所示。

表 2.7.16　房屋建筑区统计表

功 能 分 区	面积 / 公顷	占比 /%
核心区	5.03	0.03
缓冲区	8.71	0.08
实验区	71.54	0.34
保护区全域	85.28	0.18

表 2.7.17 是保护区 2017—2019 年三个年度的房屋建筑区变化监测统计表。可以看出，保护区内的房屋建筑区变化趋势为缓慢增加，2018 年度监测面积较上年度增加了 9.37 公顷，2019 年度较上年度增加了 3.15 公顷。房屋建筑区分布及变化情况如图 2.7.8 所示。

表 2.7.17　房屋建筑区变化监测统计表

地表覆盖类别	监 测 年 度	面积 / 公顷	较上年度变化 / 公顷
房屋建筑区	2017 年	72.76	—
	2018 年	82.13	9.37
	2019 年	85.28	3.15

2. 构筑物

保护区内构筑物总面积 13.97 公顷，其中包括硬化地表 12.10 公顷、露天体育场 0.32 公顷、硬化护坡 2.06 公顷、场院 0.91 公顷、碾压踩踏地表 6.49 公顷、其他硬化地表 2.32 公顷、温室大棚 0.88 公顷、固化池 0.56 公顷、其他固化池 0.46 公顷和工业设施 0.42 公顷。在硬化地表中，碾压踩踏地表 6.49 公顷，为最多。在所有构筑物中，89.91% 的构筑物集中在实验区，余下的 6.30% 的构筑物分布在缓冲区，3.79% 的构筑物分布在核心区。

保护区内按功能分区统计的构筑物面积及占比如表 2.7.18 所示。

表 2.7.19 是保护区 2017—2019 年三个年度的构筑物变化监测统计表。可以看出，构筑物 2018 年度较 2017 年度增加了 4.79 公顷，2019 年度较 2018 年度减少了 0.36 公顷。

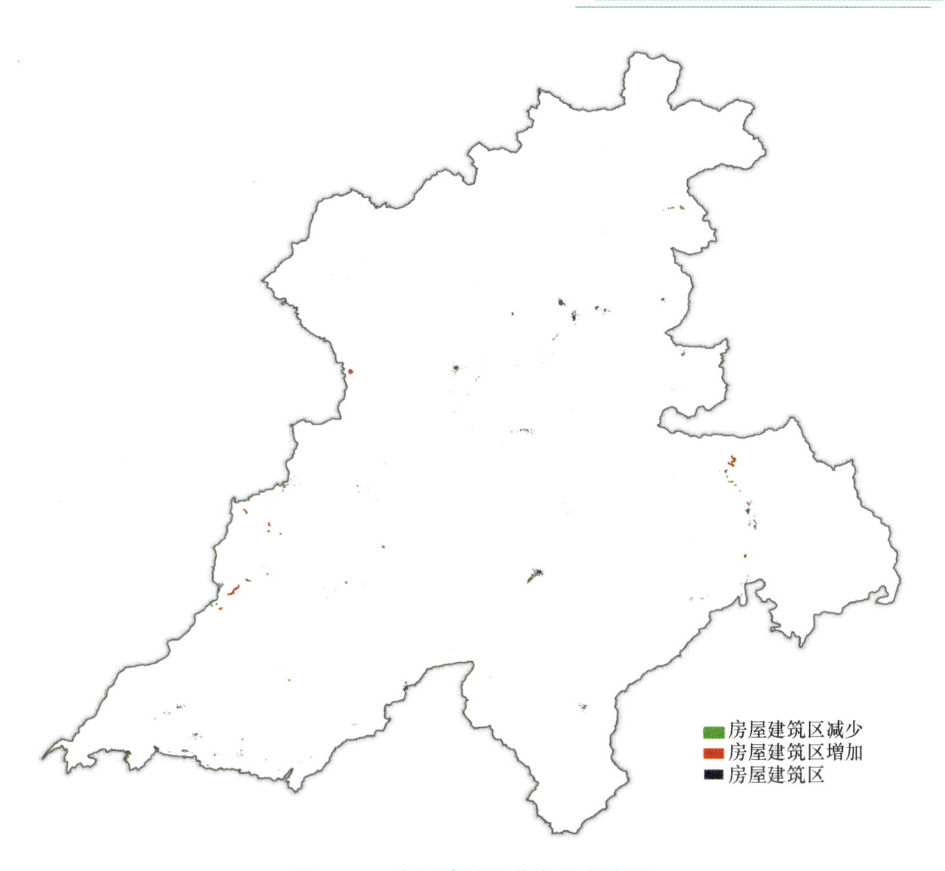

图 2.7.8　房屋建筑区分布及变化图

表 2.7.18　构筑物统计表

功 能 分 区	面积 / 公顷	占比 /%
核心区	0.53	0.00
缓冲区	0.88	0.01
实验区	12.56	0.06
保护区全域	13.97	0.03

表 2.7.19　构筑物变化监测统计表

地表覆盖类别	监 测 年 度	面积 / 公顷	较上年度变化 / 公顷
构筑物	2017 年	9.54	—
	2018 年	14.33	4.79
	2019 年	13.97	–0.36

2.8 贵州茂兰国家级自然保护区

2.8.1 保护区概况

1988 年 5 月，国务院批准建立贵州茂兰国家级自然保护区。保护区主要保护对象为亚热带喀斯特森林生态系统及其珍稀野生动物资源，保护区森林覆盖率极高，是地球同纬度线上存留的一片面积最大、相对集中、原生性强、相对稳定的喀斯特森林生态区域，是研究喀斯特森林生态特性的天然实验室和难得的定性、定量和定位的研究基地。

保护区位于贵州省黔南布依族苗族自治州荔波县东南部，保护区涉及荔波县的黎明关水族乡、茂兰镇、瑶山乡及广西壮族自治区环江县，在西北面的“飞地”涉及甲良镇，区内居住着布依、水、瑶、毛南、壮、汉等民族的群众。南与广西壮族自治区接壤，毗邻广西木沦国家级自然保护区。不包含甲良镇的实验区“飞地”的东西长度为 22.25 千米，南北长度为 20.11 千米，形状似不规则的“凹”字。保护区总面积 21285.39 公顷，其中贵州省境内面积 20730.57 公顷，广西壮族自治区境内面积 554.82 公顷。按功能分区，核心区面积 6253.86 公顷，占总面积的 29.38%；缓冲区面积 7039.71 公顷，占总面积的 33.07%；实验区面积 7991.82 公顷，占总面积的 37.55%。保护区功能分区示意图如图 2.8.1 所示。

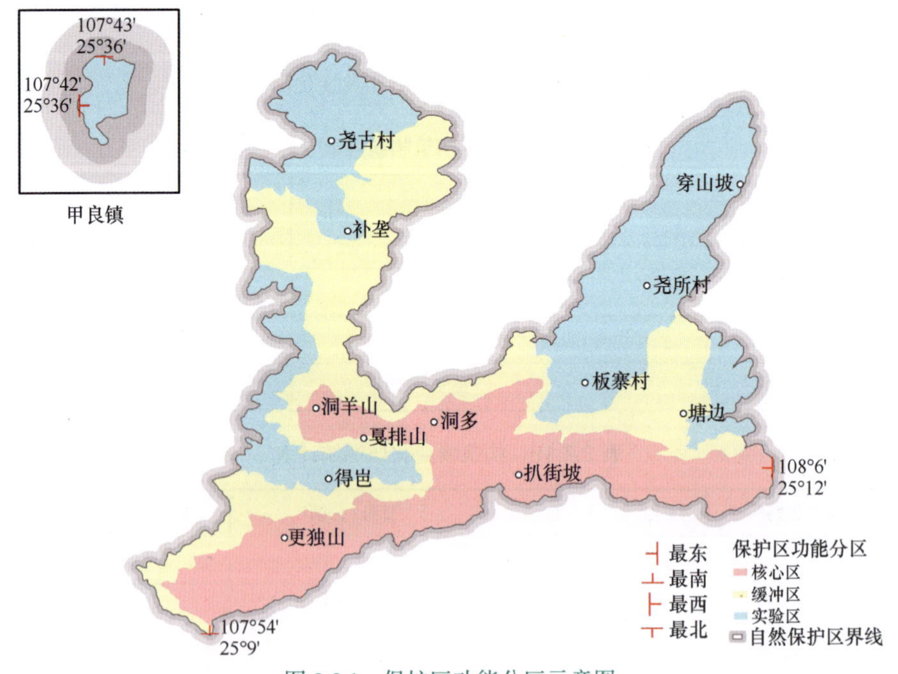

图 2.8.1 保护区功能分区示意图

保护区卫星影像图是利用高分一号卫星影像制作的，时相为 2020 年 1 月和 4 月，如图 2.8.2 所示。

图 2.8.2　保护区卫星影像图

保护区范围内分布有种植土地、林草覆盖、房屋建筑区、铁路与道路、构筑物、人工堆掘地、水域（覆盖）7 个一级类，没有荒漠与裸露地类型。保护区种植土地覆盖面积 1169.95 公顷，占总面积的 5.50%；林草覆盖面积 19991.78 公顷，占总面积的 93.92%；房屋建筑区覆盖面积 55.09 公顷，占总面积的 0.26%；铁路与道路覆盖面积 52.84 公顷，占总面积的 0.25%；构筑物覆盖面积 3.98 公顷，占总面积的 0.02%；人工堆掘地覆盖面积 1.79 公顷，占总面积的 0.01%；水域覆盖面积 9.96 公顷，占总面积的 0.05%。保护区的地表覆盖面积及占比如表 2.8.1 所示，地表覆盖分布如图 2.8.3 所示。

表 2.8.1　地表覆盖统计表

地表覆盖类别	面积 / 公顷	占比 /%
种植土地	1169.95	5.50
林草覆盖	19991.78	93.92

（续表）

地表覆盖类别	面积 / 公顷	占比 /%
房屋建筑区	55.09	0.26
铁路与道路	52.84	0.25
构筑物	3.98	0.02
人工堆掘地	1.79	0.01
荒漠与裸露地	—	—
水域（覆盖）	9.96	0.05
合计	21285.39	100.00

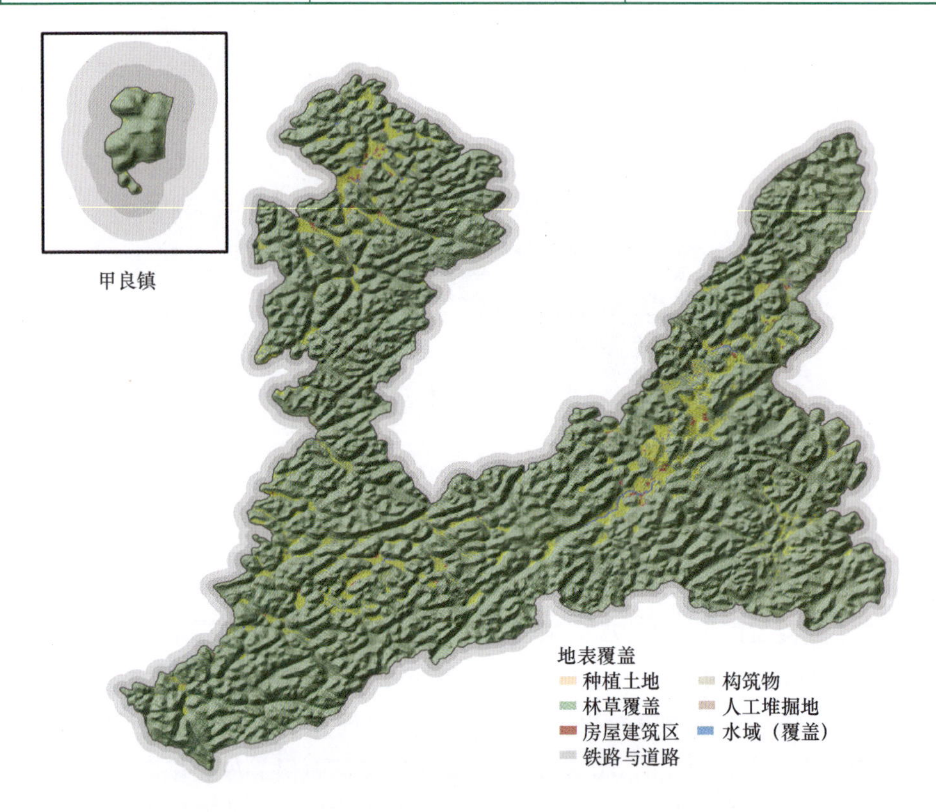

图 2.8.3 地表覆盖分布图

2.8.2 地形

1. 高程信息

将保护区范围内高程划分为 4 级，高程在 500 米以下的面积为 780.89 公顷，占总面积的 3.67%；500 ～ 1000 米的面积为 20275.32 公顷，占总面积的

95.25%；1000 米以上的面积为 229.18 公顷，占总面积的 1.08%。整个保护区范围内变化趋势为从西向东高程逐渐降低。保护区高程分级的面积及占比如表 2.8.2 所示，高程分级分布如图 2.8.4 所示。

表 2.8.2　高程分级面积及占比统计表

高程分级 / 米	面积 / 公顷	占比 /%
200 ～ 500	780.89	3.67
500 ～ 800	12147.33	57.07
800 ～ 1000	8127.99	38.18
1000 ～ 1200	229.18	1.08
合计	21285.39	100.00

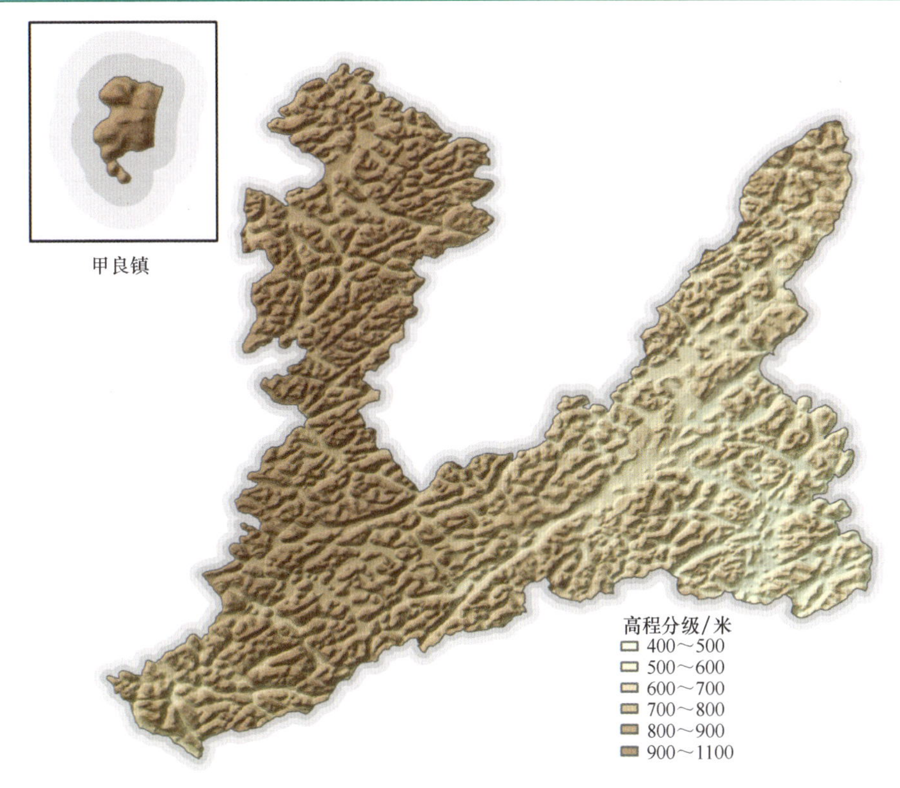

图 2.8.4　高程分级分布图

2. 坡度信息

将保护区范围内坡度分为 10 级，整个保护区范围内，坡度在 25° 以上的面积为 16177.95 公顷，占总面积的 76.01%；保护区范围内的平地面积很小，坡度在 6° 以下的面积总和为 822.72 公顷，占总面积的 3.86%。保护区坡度分级面积及占比如表 2.8.3 所示，坡度分级分布如图 2.8.5 所示。

表 2.8.3　坡度分级面积及占比统计表

坡 度 分 级	面积 / 公顷	占比 /%
0° ～ 2°	154.14	0.72
2° ～ 3°	152.96	0.72
3° ～ 5°	345.16	1.62
5° ～ 6°	170.46	0.80
6° ～ 8°	332.37	1.56
8° ～ 10°	329.99	1.55
10° ～ 15°	920.07	4.32
15° ～ 25°	2702.29	12.70
25° ～ 35°	4168.51	19.58
≥ 35°	12009.44	56.43
合计	21285.39	100.00

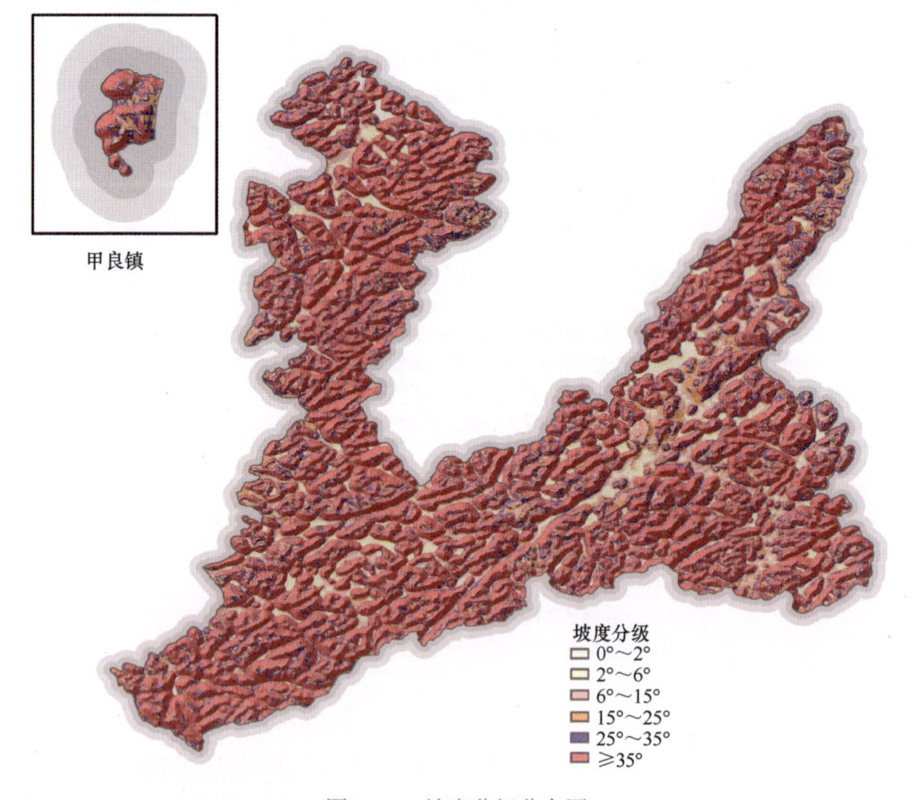

图 2.8.5　坡度分级分布图

2.8.3　植被

保护区植被覆盖总面积为 21161.73 公顷，占保护区总面积的 99.42%。植被包括种植土地、林草覆盖两个大类，分别占保护区总面积的 5.50% 和 93.92%。植被面积、占比和构成比的统计如表 2.8.4 所示。

表 2.8.4　植被统计表

功 能 分 区	植被覆盖类型	面积 / 公顷	占比 /%	构成比 /%
核心区	种植土地	113.79	1.82	1.82
	林草覆盖	6133.54	98.08	98.18
	合计	6247.33	99.90	100.00
缓冲区	种植土地	197.85	2.81	2.82
	林草覆盖	6827.60	96.99	97.18
	合计	7025.45	99.80	100.00
实验区	种植土地	858.31	10.74	10.88
	林草覆盖	7030.64	87.97	89.12
	合计	7888.95	98.71	100.00
保护区全域	种植土地	1169.95	5.50	5.53
	林草覆盖	19991.78	93.92	94.47
	合计	21161.73	99.42	100.00

表 2.8.5 统计的是 2017—2019 年三个年度的植被变化监测情况。从表中可以看出，种植土地 2018 年度较 2017 年度增加了 1.30 公顷，2019 年度较 2018 年度又减少 0.86 公顷，总体上保持稳定；林草覆盖 2018 年度较 2017 年度减少了 6.81 公顷，2019 年度较 2018 年度增加了 0.28 公顷，总体上变化不大。

表 2.8.5　植被变化监测统计表

地表覆盖类别	监 测 年 度	面积 / 公顷	较上年度变化 / 公顷
种植土地	2017 年	1169.51	—
	2018 年	1170.81	1.30
	2019 年	1169.95	–0.86
林草覆盖	2017 年	19998.31	—
	2018 年	19991.50	–6.81
	2019 年	19991.78	0.28

2.8.4 水域

1. 水域（覆盖）

水域（覆盖）总面积9.96公顷，从空间分布上，水域（覆盖）集中在实验区，总面积8.11公顷，实验区水域（覆盖）面积占实验区总面积的0.10%，核心区水域（覆盖）面积占核心区总面积的0.01%，缓冲区水域（覆盖）面积占缓冲区总面积的0.02%。水域（覆盖）面积及占比如表2.8.6所示，水域分布如图2.8.6所示。

表2.8.6 水域（覆盖）统计表

功能分区	面积/公顷	占比/%
核心区	0.42	0.01
缓冲区	1.43	0.02
实验区	8.11	0.10
保护区全域	9.96	0.05

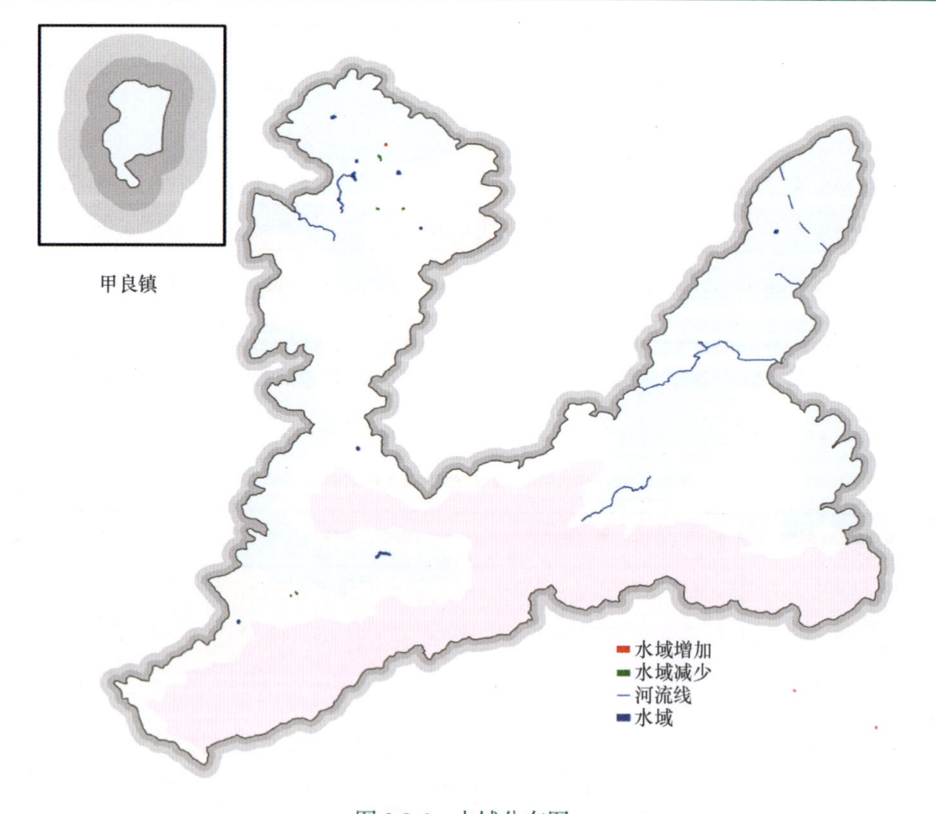

图2.8.6 水域分布图

表 2.8.7 统计的是 2017—2019 年三个年度的水域（覆盖）变化监测情况，从表中可以看出，2018 年度较 2017 年度减少了 1.27 公顷，2019 年度较 2018 年度又减少了 0.03 公顷。总体上，水域（覆盖）面积呈减少趋势。

表 2.8.7　水域（覆盖）变化监测统计表

地表覆盖类别	监测年度	面积 / 公顷	较上年度变化 / 公顷
水域（覆盖）	2017 年	11.26	—
	2018 年	9.99	-1.27
	2019 年	9.96	-0.03

2. 水体

对保护区内的水体分类型统计结果显示，在不同水体类型中，河流总长度 17.57 千米，河流宽度没有达到构面标准，未统计水体面积。水渠面积达 0.41 公顷，坑塘面积达 2.48 公顷，保护区内没有湖泊和水库。水体统计如表 2.8.8 所示。

表 2.8.8　水体统计表

水体类型	子类型	长度 / 千米	面积 / 公顷
河渠	河流	17.57	—
	水渠	—	0.41
湖泊	湖泊	—	—
库塘	水库	—	—
	坑塘	—	2.48

2.8.5　荒漠与裸露地

保护区范围内没有荒漠与裸露地分布。

2.8.6　人工堆掘地

保护区内的人工堆掘地有建筑工地和其他人工堆掘地两个类型，合计面积占保护区总面积的 0.01%。

保护区内按功能分区统计的人工堆掘地面积及占比如表 2.8.9 所示。

表 2.8.10 统计的是 2017—2019 年三个年度的人工堆掘地变化监测情况，从表中可以看出，2018 年度监测结果较 2017 年度略增 0.84 公顷，2019 年度监测结果较 2018 年度减少了 0.18 公顷，总体呈增加趋势。

表 2.8.9 人工堆掘地统计表

功 能 分 区	面积 / 公顷	占比 /%
核心区	—	—
缓冲区	0.06	0.00
实验区	1.73	0.02
保护区全域	1.79	0.01

表 2.8.10 人工堆掘地变化监测统计表

地表覆盖类别	监 测 年 度	面积 / 公顷	较上年度变化 / 公顷
人工堆掘地	2017 年	1.13	—
	2018 年	1.97	0.84
	2019 年	1.79	–0.18

2.8.7 交通网络

1. 交通里程

按道路等级和类型，对保护区内的道路里程进行统计。

公路按道路国标统计共计 38.19 千米，其中省道长 10.73 千米，包括荔波—永康公路（S518），在保护区西北面；县道长 6.08 千米，有茂兰—王同公路（X925）和翁昂—瑶山公路（X922）两条；乡道长 21.38 千米，包括永康—翁昂公路（Y009）、永康—洞塘公路（Y017）、洞塘—翁昂公路（Y018）、倒马坎—三岔河公路（Y020）和三岔河—肯甫公路（Y024）。

按道路技术等级统计，二级公路长 10.73 千米，四级公路长 27.46 千米。

保护区内乡村道路总里程 44.50 千米，包含农村硬化道路和机耕路，二者长度分别为 18.90 千米和 25.60 千米。

保护区范围内没有铁路。

道路分布具体位置如图 2.8.7 所示。

表 2.8.11 是保护区内各类型道路里程变化监测统计表。三个年度公路里程增加了约 17 千米，因为在监测时间段内，既有乡村道路提升改造为“倒马坎—三岔河”公路（Y020）四级公路。同时，在监测时间段内，贵州省实施了“组组通”道路工程，因此统计数据上显示的乡村道路总里程数略有增加。

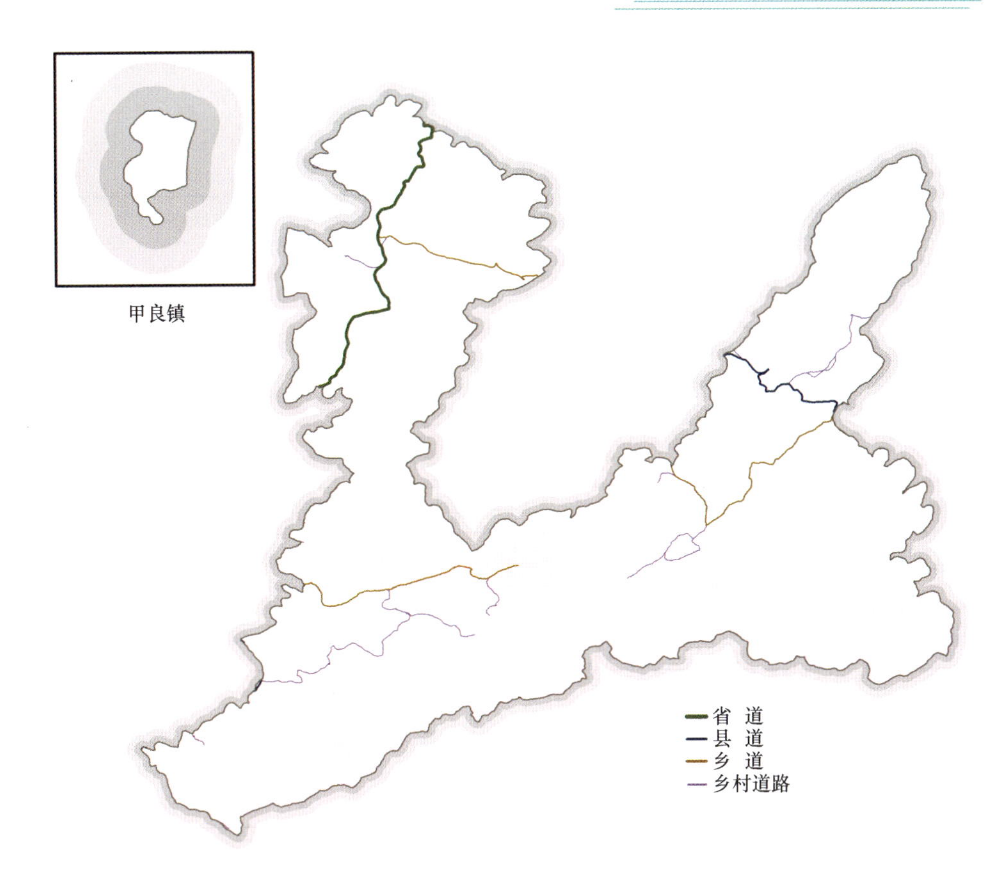

图 2.8.7　道路分布图

表 2.8.11　各类型道路里程变化监测统计表

监测年度	铁路里程 / 千米	公路里程 / 千米	城市道路里程 / 千米	乡村道路里程 / 千米
2017 年	—	21.62	—	40.38
2018 年	—	23.71	—	40.38
2019 年	—	38.19	—	44.50

2. 道路面积

茂兰保护区道路面积（含公路、乡村道路）共 52.84 公顷，面积占总面积的 0.25%。按占比统计，核心区道路面积占核心区总面积的 0.06%，缓冲区道路面积占缓冲区总面积的 0.14%，实验区道路面积占实验区总面积的 0.49%。

保护区内按功能分区统计的道路面积及占比如表 2.8.12 所示。

表 2.8.13 统计的是 2017—2019 年三个年度的道路面积变化监测情况。从表

中可以看出，2018 年度较 2017 年度增加了 1.91 公顷，2019 年度较 2018 年度仅增加 0.25 公顷，面积略有增加，增加幅度不大。

表 2.8.12　道路面积统计表

功 能 分 区	面积 / 公顷	占比 /%
核心区	3.90	0.06
缓冲区	10.07	0.14
实验区	38.87	0.49
保护区全域	52.84	0.25

表 2.8.13　道路面积变化监测统计表

地表覆盖类别	监 测 年 度	面积 / 公顷	较上年度变化 / 公顷
路面	2017 年	50.68	—
	2018 年	52.59	1.91
	2019 年	52.84	0.25

2.8.8　居民地与设施

1. 房屋建筑区

茂兰保护区范围内包含部分村落和聚居点，房屋建筑总面积 55.09 公顷，占保护区总面积的 0.26%，其中低矮房屋建筑区占房屋建筑总面积的 96.04%。按占比统计，核心区房屋建筑区面积占核心区总面积的 0.04%，缓冲区房屋建筑区面积占缓冲区总面积的 0.04%，实验区房屋建筑区面积占实验区总面积的 0.63%。

保护区内按功能分区统计的房屋建筑区面积及占比如表 2.8.14 所示。

表 2.8.14　房屋建筑区统计表

功 能 分 区	面积 / 公顷	占比 /%
核心区	2.23	0.04
缓冲区	2.58	0.04
实验区	50.28	0.63
保护区全域	55.09	0.26

经三个年度的监测，保护区内的房屋建筑区变化趋势为缓慢增加，2018 年度监测面积较 2017 年度增加了 2.01 公顷，2019 年度较 2018 年度增加了 1.34

公顷。房屋建筑区分布及变化情况如图 2.8.8 所示，房屋建筑区变化监测统计如表 2.8.15 所示。

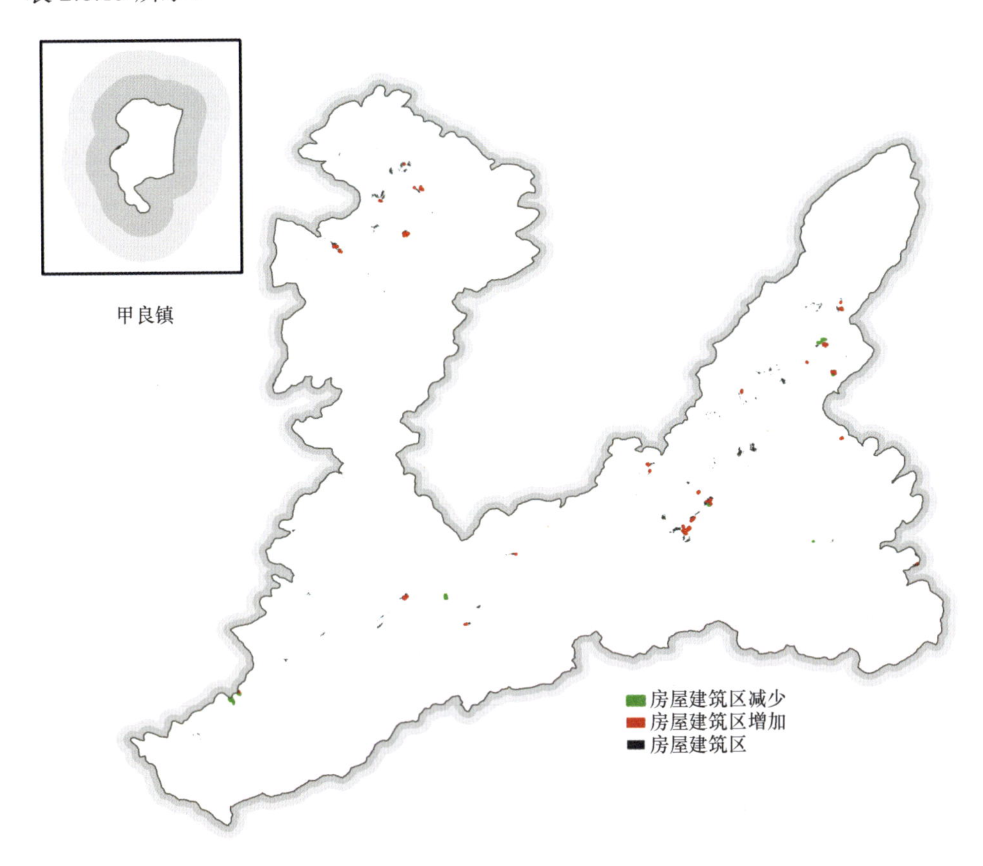

图 2.8.8　房屋建筑区分布及变化图

表 2.8.15　房屋建筑区变化监测统计表

地表覆盖类别	监 测 年 度	面积 / 公顷	较上年度变化 / 公顷
房屋建筑区	2017 年	51.74	—
	2018 年	53.75	2.01
	2019 年	55.09	1.34

2. 构筑物

保护区内构筑物总面积 3.98 公顷，有硬化地表 3.31 公顷、温室大棚 0.42 公顷、固化池 0.25 公顷。在硬化地表中，碾压踩踏地表 1.74 公顷，为最多。在所有构筑物中，97.24% 的构筑物在实验区，余下的 2.76% 分布在缓冲区，核心区没有构筑物。

保护区内按功能分区统计的构筑物面积及占比如表 2.8.16 所示。

表 2.8.16 构筑物统计表

功能分区	面积 / 公顷	占比 /%
核心区	—	—
缓冲区	0.11	0.00
实验区	3.87	0.05
保护区全域	3.98	0.02

表 2.8.17 是保护区 2017—2019 年三个年度的构筑物变化监测统计表。从表中可以看出，构筑物 2018 年度较 2017 年度增加了 2.01 公顷，2019 年度较 2018 年度减少了 0.79 公顷。

表 2.8.17 构筑物变化监测统计表

地表覆盖类别	监测年度	面积 / 公顷	较上年度变化 / 公顷
构筑物	2017 年	2.76	—
	2018 年	4.77	2.01
	2019 年	3.98	–0.79

2.9 贵州习水中亚热带常绿阔叶林国家级自然保护区

2.9.1 保护区概况

贵州习水中亚热带常绿阔叶林自然保护区建于 1992 年 3 月，1994 年 8 月经贵州省人民政府批准为省级保护区，1997 年 12 月批准为国家级保护区，属于中亚热带常绿阔叶林森林生态系统的自然保护区，地处川黔南北地质构造带与北东向构造带交接的复合部位，是我国乃至世界研究亚热带常绿阔叶林生态系统最有代表性的典型试验基地。保护对象主要是森林和野生动物，根据《贵州习水国家级自然保护区科学考察集》(2011 年)，保护区有各类生物 584 科 1868 属 4076 种，植物种类有 331 科 1001 属 2539 种，动物种类有 253 科 867 属 1537 种。其中，列为国家重点保护植物的有国家Ⅰ级保护植物 3 种，Ⅱ级保护植物 12 种；列为地方重点保护植物的有 17 种；列为国家重点保护动物的有国家Ⅰ级保护动物 3 种，Ⅱ级保护动物 29 种，列为地方重点保护动物的有 20 种。

保护区位于黔北习水县西北部，东西方向长度为 61.730 千米，南北长度为 50.380 千米。保护区总面积 51895.47 公顷，核心区面积 21224.82 公顷，占总面积的 40.90%；实验区面积 19370.08 公顷，占总面积的 37.33%；缓冲区面积 11300.57 公顷，占总面积的 21.77%。保护区功能分区示意图如图 2.9.1 所示。

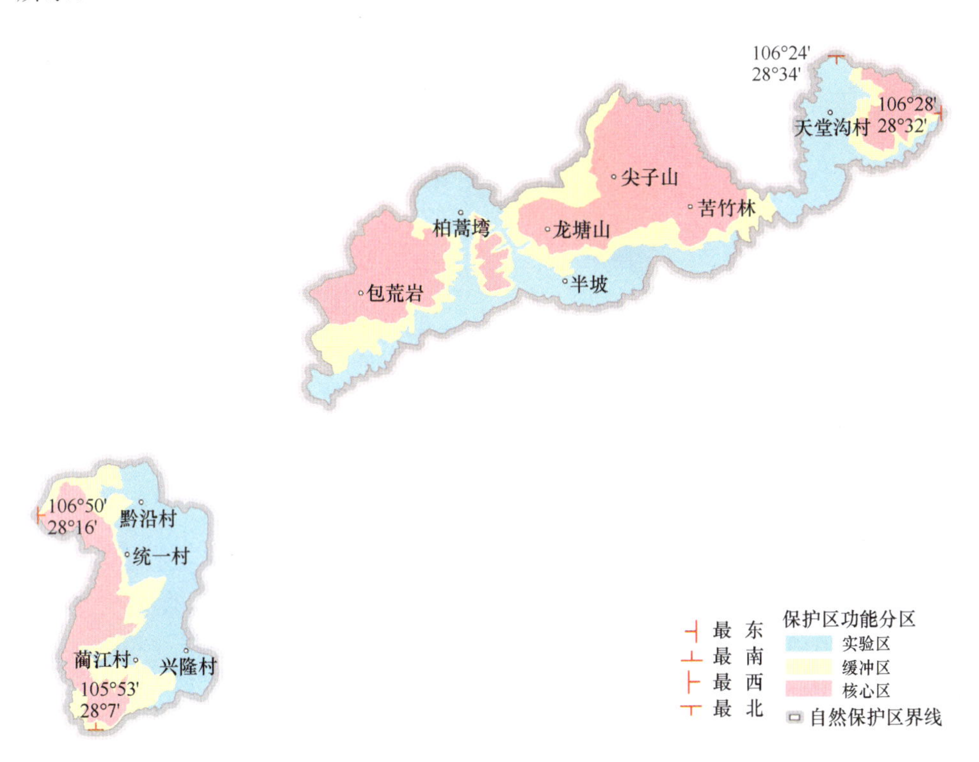

图 2.9.1　保护区功能分区示意图

保护区卫星影像图是利用高分一号卫星影像制作的，时相为 2020 年 2 月，如图 2.9.2 所示。

保护区范围内分布有种植土地、林草覆盖、房屋建筑区、铁路与道路、构筑物、人工堆掘地、荒漠与裸露地、水域（覆盖）8 个一级类。种植土地覆盖面积 777.12 公顷，占总面积的 1.50%；林草覆盖面积 50607.09 公顷，占总面积的 97.51%；房屋建筑区覆盖面积 44.84 公顷，占总面积的 0.09%；铁路与道路覆盖面积 65.58 公顷，占总面积的 0.13%；构筑物覆盖面积 7.02 公顷，占总面积的 0.01%；人工堆掘地覆盖面积 5.50 公顷，占总面积的 0.01%；荒漠与裸露地面积314.86公顷，占总面积的0.61%；水域覆盖面积73.46公顷，占总面积的0.14%。保护区的地表覆盖面积及占比如表2.9.1所示，地表覆盖分布如图2.9.3所示。

图2.9.2 保护区卫星影像图

表2.9.1 地表覆盖统计表

地表覆盖类别	面积/公顷	占比/%
种植土地	777.12	1.50
林草覆盖	50607.09	97.51
房屋建筑区	44.84	0.09
铁路与道路	65.58	0.13
构筑物	7.02	0.01
人工堆掘地	5.50	0.01
荒漠与裸露地	314.86	0.61
水域（覆盖）	73.46	0.14
合计	51895.47	100.00

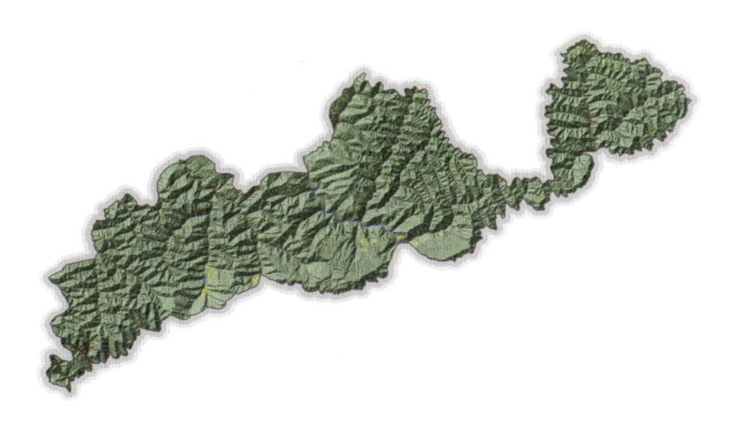

图 2.9.3　地表覆盖分布图

2.9.2　地形

1. 高程信息

习水中亚热带常绿阔叶林国家级自然保护区位于贵州高原北坡与四川盆地南缘的接壤部位，地形起伏大，高差大，保护区主要土地集中在高程 500 ～ 1500 米地带。保护区高程分级的面积及占比如表 2.9.2 所示，高程分级分布如图 2.9.4 所示。

表 2.9.2　高程分级面积及占比统计表

高程分级 / 米	面积 / 公顷	占比 /%
200 ～ 500	245.99	0.47
500 ～ 800	3891.31	7.50
800 ～ 1000	6980.32	13.45
1000 ～ 1200	13537.10	26.09
1200 ～ 1500	23833.19	45.93
1500 ～ 2000	3407.56	6.57
合计	51895.47	100.00

图 2.9.4　高程分级分布图

2. 坡度信息

习水中亚热带常绿阔叶林国家级自然保护区平地面积很小，地面起伏较大，坡度在 25°～35° 的土地面积为 9570.75 公顷，占总面积的 66.78%。保护区坡度分级面积及占比如表 2.9.3 所示，坡度分级分布如图 2.9.5 所示。

表 2.9.3　坡度分级面积及占比统计表

坡 度 分 级	面积 / 公顷	占比 /%
0°～2°	96.23	0.19
2°～3°	29.91	0.06
3°～5°	73.77	0.14
5°～6°	53.59	0.10
6°～8°	166.32	0.32
8°～10°	290.18	0.56
10°～15°	1478.75	2.85
15°～25°	5478.35	10.56

（续表）

坡 度 分 级	面积 / 公顷	占比 /%
25° ～ 35°	9570.75	18.44
≥ 35°	34657.62	66.78
合计	51895.47	100.00

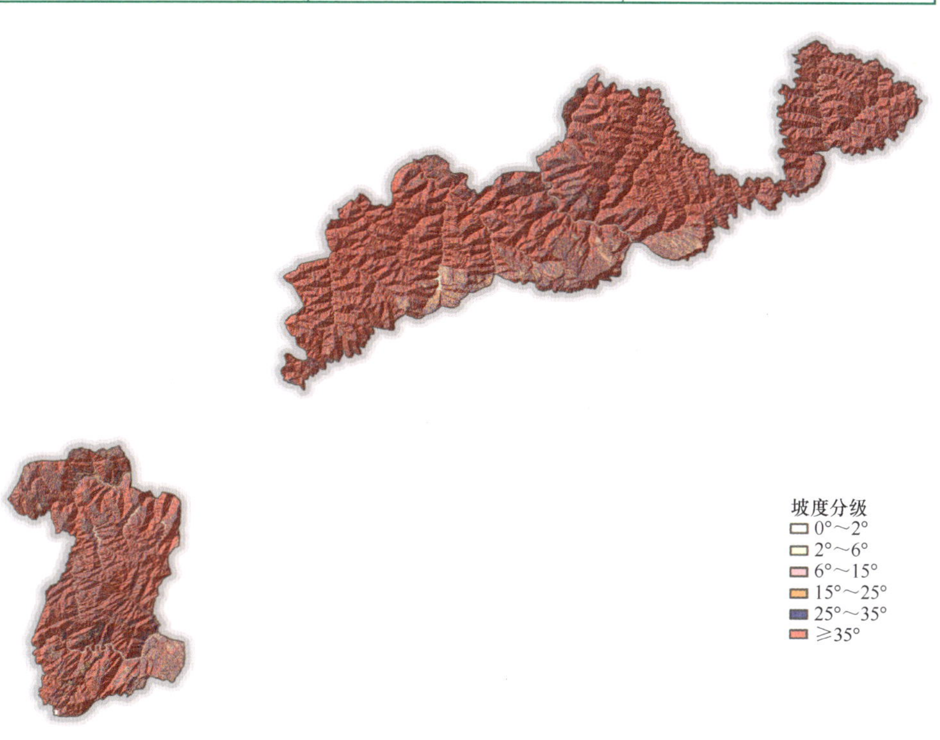

图 2.9.5　坡度分级分布图

2.9.3　植被

保护区植被覆盖总面积为 51384.21 公顷，占保护区总面积的 99.01%。植被覆盖包括种植土地、林草覆盖两个大类，分别占保护区总面积的 1.50% 和 97.52%。因保护区的实验区内含有几个村落，所以在村落附近分布着大大小小的种植土地区块，但占比较小，其余绝大部分地区都是林草覆盖。植被面积、占比和构成比的统计如表 2.9.4 所示。

表 2.9.5 统计的是 2017—2019 年三个年度的植被覆盖变化监测情况。从表中可以看出，种植土地 2018 年度较 2017 年度减少了 4.47 公顷，2019 年度较 2018 年度又减少了 2.46 公顷；林草覆盖 2018 年度较 2017 年度增加了 19.68 公

顷，2019 年度较 2018 年度减少了 1.91 公顷。总体上，保护区植被覆盖呈现种植土地面积下降、林草覆盖面积增多的趋势。

表 2.9.4 植被统计表

功能分区	植被覆盖类型	面积 / 公顷	占比 /%	构成比 /%
核心区	种植土地	68.88	0.33	0.33
	林草覆盖	21023.83	99.05	99.67
	合计	21092.71	99.38	100.00
缓冲区	种植土地	148.66	1.32	1.33
	林草覆盖	11061.19	97.88	98.67
	合计	11209.85	99.20	100.00
实验区	种植土地	559.58	2.89	2.93
	林草覆盖	18522.07	95.62	97.07
	合计	19081.65	98.51	100.00
保护区全域	种植土地	777.12	1.50	1.51
	林草覆盖	50607.09	97.51	98.49
	合计	51384.21	99.01	100.00

表 2.9.5 植被覆盖变化监测统计表

地表覆盖类别	监测年度	面积 / 公顷	较上年度变化 / 公顷
种植土地	2017 年	784.05	—
	2018 年	779.58	–4.47
	2019 年	777.12	–2.46
林草覆盖	2017 年	50589.32	—
	2018 年	50609.00	19.68
	2019 年	50607.09	–1.91

2.9.4 水域

1. 水域（覆盖）

保护区水域（覆盖）总面积 73.46 公顷。从空间分布上，保护区内地表水集中在实验区。按占比统计，核心区水域（覆盖）面积占核心区总面积的 0.06%，缓冲区水域（覆盖）面积占缓冲区总面积的 0.15%，实验区水域（覆盖）面积占实验区总面积的 0.23%。水域（覆盖）面积及占比如表 2.9.6 所示，水域分布如图 2.9.6 所示。

表 2.9.6　水域（覆盖）统计表

功 能 分 区	面积 / 公顷	占比 /%
核心区	13.21	0.06
缓冲区	16.50	0.15
实验区	43.75	0.23
保护区全域	73.46	0.14

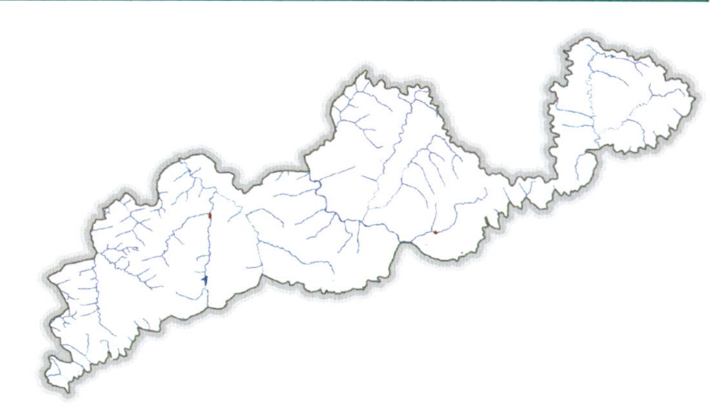

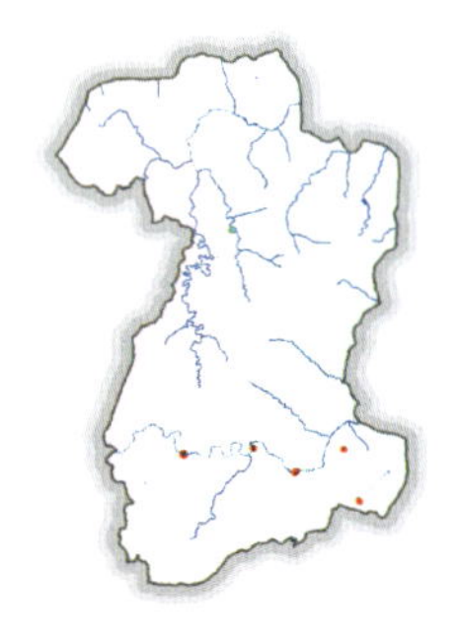

水域增加
水域减少
河流线
水域

图 2.9.6　水域分布图

表 2.9.7 统计的是 2017—2019 年三个年度的水域（覆盖）变化监测情况，2018 年度较 2017 年度增加了 1.5 公顷，2019 年度较 2018 年度增加了 0.13 公顷。总体上，水域（覆盖）面积呈增加趋势。

表 2.9.7　水域（覆盖）变化监测统计表

地表覆盖类别	监 测 年 度	面积 / 公顷	较上年度变化 / 公顷
水域（覆盖）	2017 年	71.83	—
	2018 年	73.33	1.5
	2019 年	73.46	0.13

2. 水体

对保护区内的水体分类型统计结果显示，在不同水体类型中，河流总长度达 365.11 千米，面积 256.83 公顷，湖泊面积 15.40 公顷，水库面积 11.52 公顷，坑塘面积 1.47 公顷，保护区内没有水渠。水体统计如表 2.9.8 所示。

表 2.9.8　水体统计表

水体类型	子类型	长度 / 千米	面积 / 公顷
河渠	河流	365.11	256.83
	水渠	—	—
湖泊	湖泊	—	15.40
库塘	水库	—	11.52
	坑塘	—	1.47

2.9.5　荒漠与裸露地

习水中亚热带常绿阔叶林保护区内存在少量的荒漠与裸露地，总面积为 314.86 公顷，仅占保护区总面积的 0.61%。整体来看，保护区内的生态环境较好，荒漠与裸露化的程度较小。荒漠与裸露地中的大部分为砾石地表，面积为 309.88 公顷，占荒漠与裸露地总面积的 98.42%，沙质地表和岩石地表较少，分别为 1.55 公顷和 3.43 公顷，占比不超过百分之二。荒漠化与裸露地表位于水系线附近，主要为河滩。

保护区内按功能分区统计的荒漠与裸露地面积及占比如表 2.9.9 所示。

表 2.9.9　荒漠与裸露地统计表

功能分区	面积 / 公顷	占比 /%
核心区	109.62	0.52
缓冲区	48.35	0.43
实验区	156.89	0.81
保护区全域	314.86	0.61

表 2.9.10 是保护区 2017—2019 年三个年度的荒漠与裸露地变化监测情况，从表中可以看出，2018 年度较 2017 年度增加了 2.4 公顷，2019 年度较 2018 年度减少了 1.85 公顷，总体上基本保持稳定。

表 2.9.10　荒漠与裸露地变化监测统计表

地表覆盖类别	监 测 年 度	面积 / 公顷	较上年度变化 / 公顷
荒漠与裸露地	2017 年	314.31	—
	2018 年	316.71	2.4
	2019 年	314.86	–1.85

2.9.6　人工堆掘地

保护区内的人工堆掘地有建筑工地、其他人工堆掘地两个类型，合计面积占保护区总面积的 0.01%，主要分布在保护区的居民点周边区域。

保护区内按功能分区统计的人工堆掘地面积及占比如表 2.9.11 所示。

表 2.9.11　人工堆掘地统计表

功 能 分 区	面积 / 公顷	占比 /%
核心区	0.84	0.00
缓冲区	2.49	0.02
实验区	2.17	0.01
保护区全域	5.50	0.01

表 2.9.12 是保护区 2017—2019 年三个年度的人工堆掘地变化监测情况。从表中可以看出，2018 年度较 2017 年度减少了 27.82 公顷，2019 年度较 2018 年度增加了 0.64 公顷，总体呈明显减少趋势，主要减少区域位于习水河、同民河沿岸。

表 2.9.12　人工堆掘地变化监测统计表

地表覆盖类别	监 测 年 度	面积 / 公顷	较上年度变化 / 公顷
人工堆掘地	2017 年	32.68	—
	2018 年	4.86	–27.82
	2019 年	5.50	0.64

2.9.7　交通网络

1. 交通里程

按道路等级和类型，对保护区内的道路里程进行统计。

公路按道路国标统计共计 52.20 千米，其中省道长 31.66 千米，包括三岔河—西凉公路（S207）、赤水—开阳公路（S208）和沿河—土城公路（S303），从保护区西南面、中部、东北面通过；县道长 10.79 千米，包括楠木林—官渡河公路（X318）和麻沙沟—天鹅池公路（X3J5），从保护区中部穿过；乡道长 9.75 千米，包括同民—铜灌口公路（Y002），沿保护区南面通过。

按道路技术等级统计，三级公路长 22.89 千米，四级公路长 16.14 千米，等外公路长 13.17 千米。

保护区内乡村道路总里程 80.32 千米，包含农村硬化道路和机耕路，其中农村硬化道路占比较大，机耕路占比较小，长度分别为 65.72 千米和 14.60 千米。

道路分布具体位置如图 2.9.7 所示。

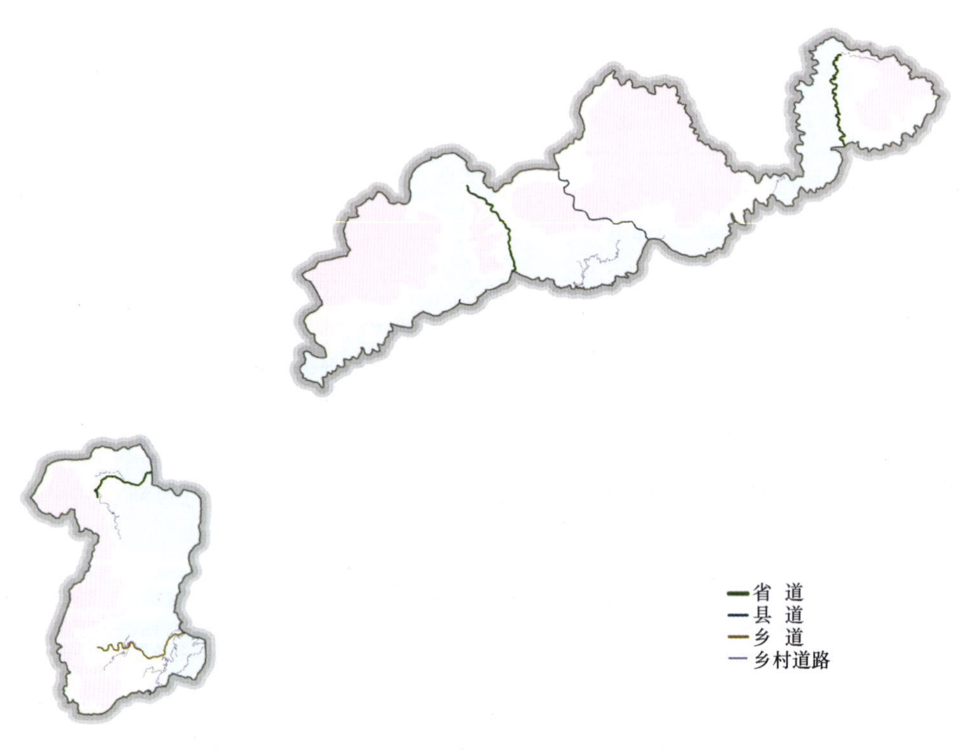

图 2.9.7　道路分布图

表 2.9.13 是保护区内各类型道路里程变化监测统计表。公路里程有大幅增加，这是因为在监测时间段内，习水县开展了公路改扩建工程，保护区西南角飞地在 2018 年度新增沿河—土城公路（S303），在 2019 年度新增楠木林—官渡河公路（X318）和麻沙沟—天鹅池公路（X315）。同时，因在监测时间段内贵州省实施了“组组通”道路工程，故统计数据中显示的乡村道路总里程数略有增加。

表 2.9.13　各类型道路里程变化监测统计表

监 测 年 度	铁路里程 / 千米	公路里程 / 千米	城市道路里程 / 千米	乡村道路里程 / 千米
2017 年	—	22.98	—	71.47
2018 年	—	32.10	—	88.69
2019 年	—	52.20	—	80.32

2. 道路面积

习水中亚热带常绿阔叶林保护区道路面积（含公路、乡村道路）共 65.58 公顷，面积仅占整个保护区面积的 0.13%。按占比统计，核心区道路面积占核心区总面积的 0.01%，缓冲区道路面积占缓冲区总面积的 0.12%，实验区道路面积占实验区总面积的 0.25%。

保护区内按功能分区统计的道路面积及占比如表 2.9.14 所示。

表 2.9.14　道路面积统计表

功 能 分 区	面积 / 公顷	占比 /%
核心区	2.14	0.01
缓冲区	14.06	0.12
实验区	49.38	0.25
保护区全域	65.58	0.13

表 2.9.15 是保护区 2017—2019 年三个年度的道路面积变化监测情况。从表中可以看出，2018 年度较 2017 年度增加了 6.01 公顷，2019 年度较 2018 年度仅增加 1.57 公顷。总体上，道路面积呈增加趋势。

表 2.9.15　道路面积变化监测统计表

地表覆盖类别	监 测 年 度	面积 / 公顷	较上年度变化 / 公顷
路面	2017 年	58.00	—
	2018 年	64.01	6.01
	2019 年	65.58	1.57

2.9.8　居民地与设施

1. 房屋建筑区

保护区房屋建筑区总面积 44.84 公顷，均为低矮房屋建筑区，面积占保护区总面积的 0.09%。按占比统计，核心区房屋建筑区面积占核心区总面积的 0.02%，缓冲区房屋建筑区面积占缓冲区总面积的 0.06%，实验区房屋建筑区面积占实验区总面积的 0.17%。

保护区内按功能分区统计的房屋建筑区面积及占比如表 2.9.16 所示。

表 2.9.16　房屋建筑区统计表

功 能 分 区	面积 / 公顷	占比 /%
核心区	4.83	0.02
缓冲区	6.93	0.06
实验区	33.08	0.17
保护区全域	44.84	0.09

表 2.9.17 是 2017—2019 年三个年度的房屋建筑区变化监测情况。从表中可以看出，保护区内的房屋建筑区变化趋势为缓慢增加，2018 年度较 2017 年度增加了 1.13 公顷，2019 年度较 2018 年度增加了 0.61 公顷。房屋建筑区分布及变化情况如图 2.9.8 所示。

表 2.9.17　房屋建筑区变化监测统计表

地表覆盖类别	监 测 年 度	面积 / 公顷	较上年度变化 / 公顷
房屋建筑区	2017 年	43.10	—
	2018 年	44.23	1.13
	2019 年	44.84	0.61

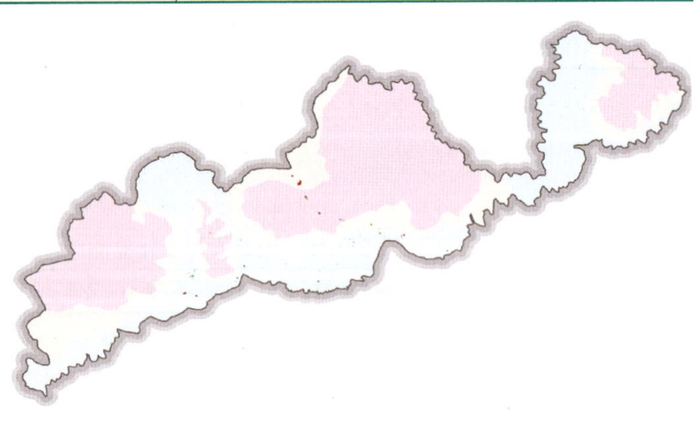

图 2.9.8　房屋建筑区分布及变化图

2. 构筑物

保护区内构筑物总面积 7.02 公顷，其中，包括停车场、硬化护坡、场院、碾压踩踏地表、其他硬化地表等在内的硬化地表 6.28 公顷，水工设施 0.74 公顷。

保护区内按功能分区统计的构筑物面积及占比如表 2.9.18 所示。

表 2.9.18　构筑物统计表

功 能 分 区	面积 / 公顷	占比 /%
核心区	1.45	0.01
缓冲区	2.39	0.02
实验区	3.18	0.02
保护区全域	7.02	0.01

表 2.9.19 是保护区 2017—2019 年三个年度的构筑物变化监测统计表。从表中可以看出，构筑物 2018 年度较 2017 年度增加了 2.47 公顷，2019 年度较 2018 年度增加了 2.36 公顷。三个年度监测结果显示，构筑物总体呈增加趋势，增加区域主要集中在其他硬化地表、碾压踩踏地表和堤坝上。

表 2.9.19　构筑物变化监测统计表

地表覆盖类别	监 测 年 度	面积 / 公顷	较上年度变化 / 公顷
构筑物	2017 年	2.19	—
	2018 年	4.66	2.47
	2019 年	7.02	2.36

2.10　贵州麻阳河国家级自然保护区

2.10.1　保护区概况

贵州麻阳河自然保护区建立于 1987 年 9 月，1994 年经贵州省人民政府批准为省级自然保护区，2003 年 6 月经国务院批准晋升为国家级自然保护区，隶属于贵州省林业局，主要保护对象是国家一级重点保护野生动物黑叶猴及其栖息地，属于野生动物类型的自然保护区。

麻阳河国家级自然保护区位于乌江中游的贵州省东北部，沿河为土家族自治县及务川仡佬族苗族自治县接壤处，东西方向长度为 25.88 千米，南北长度为 31.32 千米。保护区功能分区示意图如图 2.10.1 所示。

保护区总面积为 31674.14 公顷，其中核心区面积为 11606.60 公顷，占保护区总面积的 36.65%，该区域人烟稀少，天然林保存较好，黑叶猴种群密集，是保护区森林植被和生态环境精华所在，也是黑叶猴主要的栖息区域；缓冲区面积为 9662.15 公顷，占保护区总面积的 30.50%，有少量黑叶猴活动，当黑叶猴群进一步扩大后，其活动的范围必定要拓展到该区域；实验区面积为 10405.39 公顷，占保护区总面积的 32.85%，实验区的天然植被稀少，人类活动较为频繁，但有黑叶猴活动。2013 年，保护区内分布有各类珍贵野生动物 300 余种，其中兽类 37 种，鸟类 149 种，两栖爬行类 32 种，鱼类 48 种，被列为国家保护动物的有 31 种，其中一级保护动物 3 种，二级保护动物 28 种。此外，保护区内还分布有维管束植物 154 科 417 属 1165 种，蕨类 42 科 89 属 217 种，被列为国家保护植物的有 65 种，其中一级保护植物 5 种，二级保护植物 60 种。

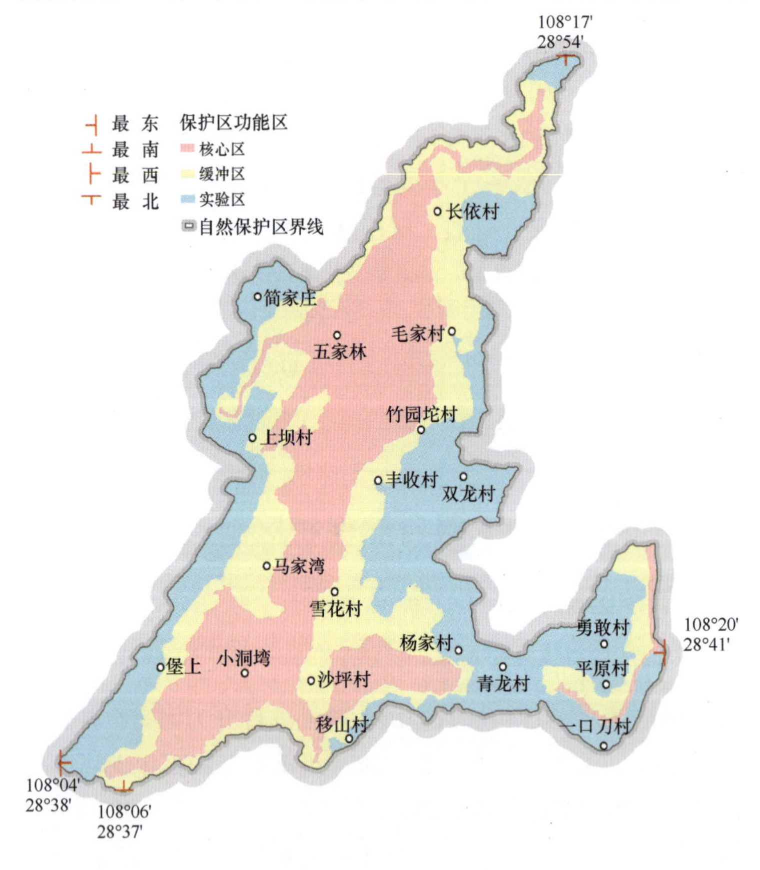

图 2.10.1　保护区功能分区示意图

保护区卫星影像图是利用高分一号和高分六号卫星影像制作的，时相为 2020 年 4 月，如图 2.10.2 所示。

图 2.10.2　保护区卫星影像图

保护区范围内分布有种植土地、林草覆盖、房屋建筑区、铁路与道路、构筑物、人工堆掘地、荒漠与裸露地、水域（覆盖）8 个一级类。种植土地覆盖面积 4462.79 公顷，占总面积的 14.09%；林草覆盖面积 26472.29 公顷，占总面积的 83.58%；房屋建筑区、铁路与道路、构筑物、人工堆掘地、荒漠与裸露地和水域（覆盖）面积均较小，占比均在 1.00% 以下，7 个类别合计占总面积的 2.33%。保护区的地表覆盖面积及占比如表 2.10.1 所示，地表覆盖分布如图 2.10.3 所示。

表 2.10.1　地表覆盖统计表

地表覆盖类别	面积 / 公顷	占比 /%
种植土地	4462.79	14.09
林草覆盖	26472.29	83.58
房屋建筑区	223.64	0.71
铁路与道路	196.06	0.62

（续表）

地表覆盖类别	面积 / 公顷	占比 /%
构筑物	7.31	0.02
人工堆掘地	3.67	0.01
荒漠与裸露地	83.90	0.26
水域（覆盖）	224.48	0.71
合计	31674.14	100.00

图 2.10.3　地表覆盖分布图

2.10.2　地形

1. 高程信息

保护区内最低点海拔 295 米，最高点海拔 1543 米。保护区内高程 500 米以下的面积为 3317.14 公顷，占总面积的 10.48%；高程在 500 ～ 1000 米的面积为 18162.42 公顷，占总面积的 57.34%；高程在 1000 米以上的面积为 10194.58 公顷，占总面积的

32.18%。整个保护区范围内变化趋势为，总体上从西南向东北高程逐渐降低。保护区高程分级的面积及占比如表 2.10.2 所示，高程分级分布如图 2.10.4 所示。

表 2.10.2　高程分级面积及占比统计表

高程分级 / 米	面积 / 公顷	占比 /%
200 ～ 500	3317.14	10.48
500 ～ 800	10091.55	31.86
800 ～ 1000	8070.87	25.48
1000 ～ 1200	7323.84	23.12
1200 ～ 1500	2863.92	9.04
1500 ～ 2000	6.82	0.02
合计	31674.14	100.00

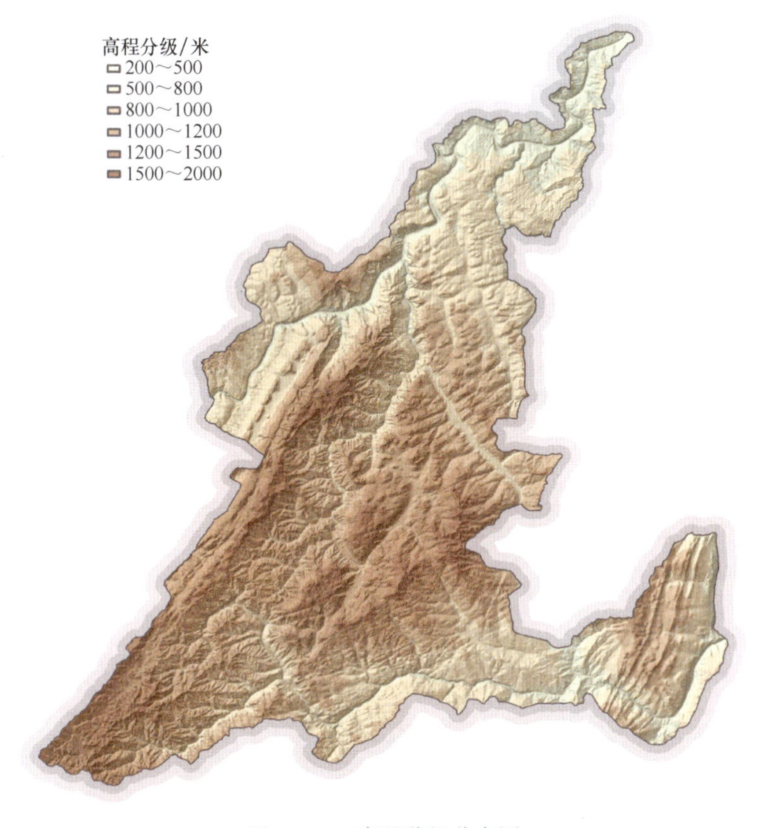

图 2.10.4　高程分级分布图

2．坡度信息

保护区范围内地势起伏大，坡度在 15° 以上的面积为 26930.25 公顷，占总面积的 85.02%；坡度在 15° 以下的面积为 4743.89 公顷，占总面积的 14.98%。保护区坡度分级面积及占比如表 2.10.3 所示，坡度分级分布如图 2.10.5 所示。

表 2.10.3　坡度分级面积及占比统计表

坡 度 分 级	面积 / 公顷	占比 /%
0° ～ 2°	221.98	0.70
2° ～ 3°	76.40	0.24
3° ～ 5°	222.36	0.70
5° ～ 6°	162.84	0.52
6° ～ 8°	468.73	1.48
8° ～ 10°	709.85	2.24
10° ～ 15°	2881.73	9.10
15° ～ 25°	9646.08	30.45
25° ～ 35°	9478.05	29.92
≥ 35°	7806.12	24.65
合计	31674.14	100.00

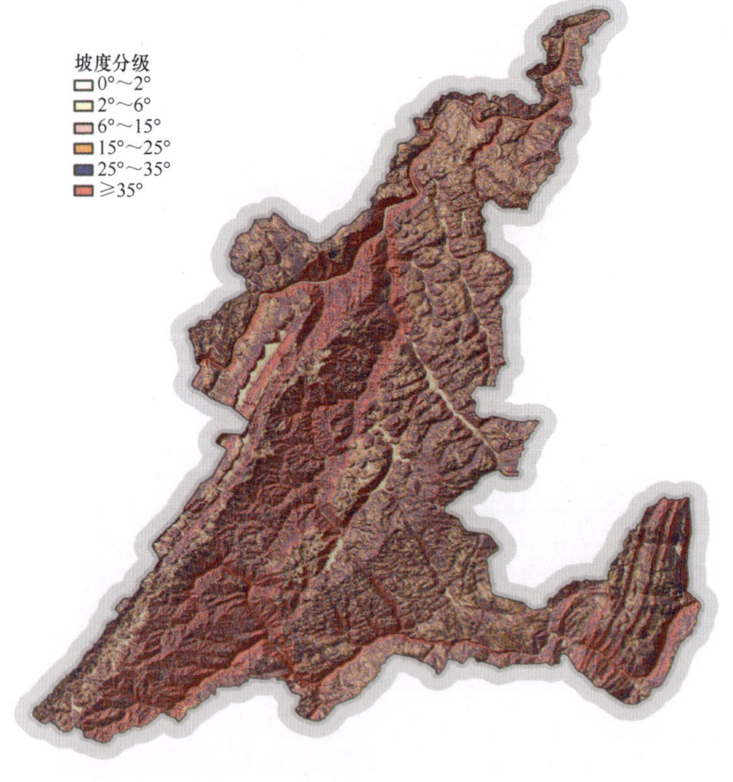

图 2.10.5　坡度分级分布图

2.10.3　植被

保护区植被覆盖总面积为 30935.08 公顷，占保护区总面积的 97.67%。植被覆盖包括种植土地、林草覆盖两类，分别占整个保护区总面积的 14.09% 和 83.58%。植被面积、占比和构成比的统计如表 2.10.4 所示。

表 2.10.4　植被统计表

功能分区	植被覆盖类型	面积 / 公顷	占比 /%	构成比 /%
核心区	种植土地	632.52	5.45	5.58
	林草覆盖	10703.78	92.22	94.42
	合计	11336.30	97.67	100
缓冲区	种植土地	1388.87	14.37	14.57
	林草覆盖	8145.00	84.3	85.43
	合计	9533.87	98.67	100
实验区	种植土地	2441.40	23.46	24.26
	林草覆盖	7623.51	73.27	75.74
	合计	10064.91	96.73	100
保护区全域	种植土地	4462.79	14.09	14.43
	林草覆盖	26472.29	83.58	85.57
	合计	30935.08	97.67	100

表 2.10.5 统计的是 2017—2019 年三个年度的植被变化监测情况。从表中可以看出，种植土地 2018 年度较 2017 年度增加了 5.57 公顷，2019 年度较 2018 年度又增加了 15.36 公顷，总体上，种植土地呈现增加趋势。

林草覆盖 2018 年度较 2017 年度减少了 28.30 公顷，2019 年度较 2018 年度减少了 27.02 公顷，总体上林草覆盖面积呈减少趋势。

表 2.10.5　植被变化监测统计表

地表覆盖类别	监测年度	面积 / 公顷	较上年度变化 / 公顷
种植土地	2017 年	4441.86	—
	2018 年	4447.43	5.57
	2019 年	4462.79	15.36
林草覆盖	2017 年	26527.61	—
	2018 年	26499.31	–28.30
	2019 年	26472.29	–27.02

2.10.4 水域

1. 水域（覆盖）

水域（覆盖）总面积为224.48公顷。从空间分布上看，保护区内地表水主要集中在核心区。按占比统计，核心区水域（覆盖）面积占核心区总面积的1.56%，缓冲区水域（覆盖）面积占缓冲区总面积的0.07%，实验区水域（覆盖）面积占实验区总面积的0.35%。水域（覆盖）面积及占比如表2.10.6所示，水域分布如图2.10.6所示。

表 2.10.6 水域（覆盖）统计表

功能分区	面积 / 公顷	占比 /%
核心区	181.22	1.56
缓冲区	7.00	0.07
实验区	36.26	0.35
保护区全域	224.48	0.71

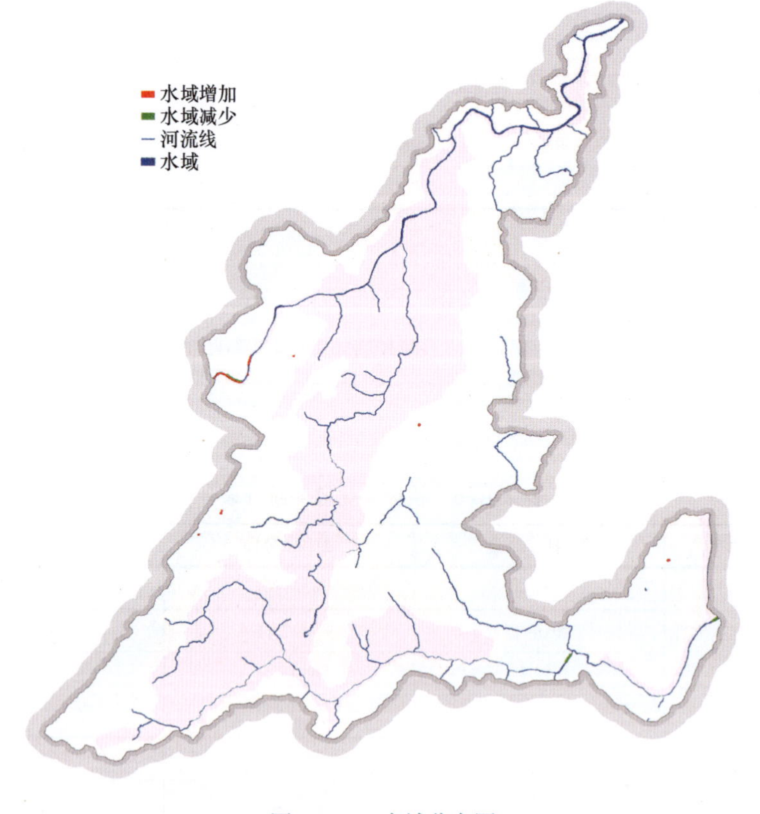

图 2.10.6 水域分布图

表 2.10.7 统计的是 2017—2019 年三个年度的水域（覆盖）变化监测情况，从表中可以看出，2018 年度监测结果较上年度减少了 0.27 公顷，2019 年度较 2018 年度则增加了 3.06 公顷。总体上，水域（覆盖）面积呈增加趋势。

表 2.10.7　水域（覆盖）变化监测统计表

地表覆盖类别	监测年度	面积 / 公顷	较上年度变化 / 公顷
水域（覆盖）	2017 年	221.69	—
	2018 年	221.42	–0.27
	2019 年	224.48	3.06

2. 水体

对保护区内的水体分类型统计结果显示，在不同的水体类型中，河流总长度达 46.82 千米，面积为 53.18 公顷。保护区内没有水渠、湖泊、水库和坑塘。水体统计如表 2.10.8 所示。

表 2.10.8　水体统计表

水 体 类 型	子　类　型	长度 / 千米	面积 / 公顷
河渠	河流	46.82	53.18
	水渠	—	—
湖泊	湖泊	—	—
库塘	水库	—	—
	坑塘	—	—

2.10.5　荒漠与裸露地

荒漠与裸露地在保护区内呈零星分布，面积共 83.90 公顷，仅占保护区总面积的 0.26%，构成类型全为砾石地表。

保护区内按功能分区统计的荒漠与裸露地面积及占比如表 2.10.9 所示。

表 2.10.9　荒漠与裸露地统计表

功 能 分 区	面积 / 公顷	占比 /%
核心区	42.44	0.37
缓冲区	13.55	0.14
实验区	27.91	0.27
保护区全域	83.90	0.26

表 2.10.10 是保护区 2017—2019 年三个年度的荒漠与裸露地变化监测统计

表。可以看出，2018 年度监测结果较 2017 年度增加了 0.22 公顷，2019 年度监测结果较 2018 年度减少了 0.35 公顷，总体呈减少趋势。

表 2.10.10　荒漠与裸露地变化监测统计表

地表覆盖类别	监 测 年 度	面积 / 公顷	较上年度变化 / 公顷
荒漠与裸露地	2017 年	84.03	—
	2018 年	84.25	0.22
	2019 年	83.90	–0.35

2.10.6　人工堆掘地

保护区内的人工堆掘地有露天采掘场、堆放物、建筑工地和其他人工堆掘地四个类型，合计面积为 3.67 公顷，占保护区总面积的 0.01%，其中露天采掘场面积最大。

保护区内按功能分区统计的人工堆掘地面积及占比如表 2.10.11 所示。

表 2.10.11　人工堆掘地统计表

功 能 分 区	面积 / 公顷	占比 /%
核心区	—	—
缓冲区	1.15	0.01
实验区	2.52	0.02
保护区全域	3.67	0.01

表 2.10.12 统计的是 2017—2019 年三个年度的人工堆掘地变化监测情况。从表中可以看出，2018 年度监测结果较 2017 年度增加了 1.93 公顷，2019 年度监测结果较 2018 年度减少了 3.14 公顷，整体呈减少趋势。

表 2.10.12　人工堆掘地变化监测统计表

地表覆盖类别	监 测 年 度	面积 / 公顷	较上年度变化 / 公顷
人工堆掘地	2017 年	4.88	—
	2018 年	6.81	1.93
	2019 年	3.67	–3.14

2.10.7　交通网络

1. 交通里程

按道路等级和类型，对保护区内的道路里程进行统计。

公路按道路国标统计共计 119.25 千米，其中省道长 33.59 千米，包括塘坝—岑巩公路（S203）、洪渡—新州公路（S302）和官舟—黄土公路（S511），从保护区南面沿着保护区边缘通过；县道长 48.48 千米，包括月亮—黄土公路（X038）、蕉坝—沿河公路（X3E5）、马淹山—回龙公路（X6A1）等，主要通过保护区南面及东面；乡道长 37.18 千米，包括李家—竹园公路（Y012）、黄土—丰收公路（Y023）、关家—天井公路（Y025）等，通过保护区东面及东南面。

按道路技术等级统计，保护区内的公路均为四级公路。

保护区内乡村道路总里程 262.31 千米，其中，农村硬化道路 138.27 千米，机耕路 124.04 千米。

道路分布如图 2.10.7 所示。

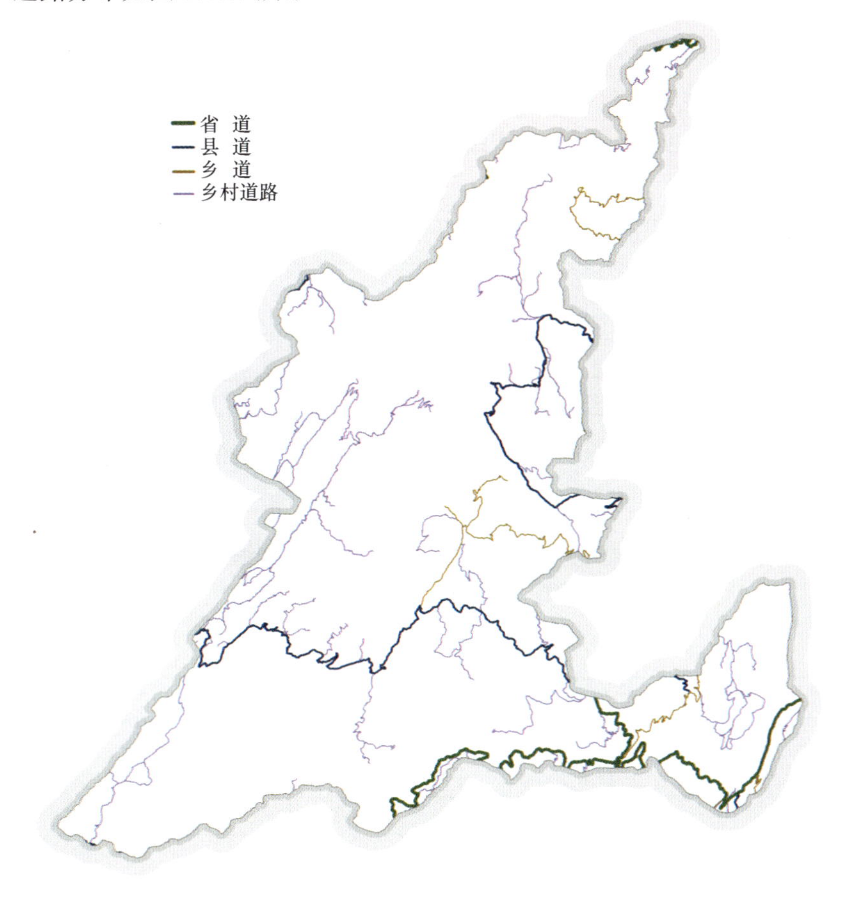

图 2.10.7　道路分布图

表 2.10.13 是保护区内各类型道路里程变化监测统计表。从表中可以看出，2017—2019 年三个年度内公路里程大幅增加了 86.30 千米，原因是在监测时间

段内，务川县和沿河县开展了公路改扩建工程，在既有乡村道路上改造为公路，所以公路里程有所增加，统计数据上显示的乡村道路有所减少。另外，在监测时间段内贵州省实施了“组组通”道路工程。总体上，道路里程呈增加趋势。

表 2.10.13　各类型道路里程变化监测统计表

监 测 年 度	铁路里程 / 千米	公路里程 / 千米	城市道路里程 / 千米	乡村道路里程 / 千米
2017 年	—	32.95	—	210.01
2018 年	—	32.95	—	242.58
2019 年	—	119.25	—	182.31

2. 道路面积

保护区道路面积（含公路、乡村道路）共 196.06 公顷，占整个保护区面积的 0.62%。按占比统计，核心区道路面积占核心区总面积的 0.20%，缓冲区道路面积占缓冲区总面积的 0.48%，实验区道路面积占实验区总面积的 1.21%。

保护区内按功能分区统计的道路面积及占比如表 2.10.14 所示。

表 2.10.14　道路面积统计表

功 能 分 区	面积 / 公顷	占比 /%
核心区	23.38	0.20
缓冲区	46.31	0.48
实验区	126.37	1.21
保护区全域	196.06	0.62

表 2.10.15 统计的是 2017—2019 年三个年度的道路面积变化监测情况。从表中可以看出，2018 年度较 2017 年度道路面积增加了 23.83 公顷，2019 年度较 2018 年度又增加了 14.53 公顷，两个年度累计增加面积 38.36 公顷，道路面积占总土地面积的比例由 0.50% 增加到 0.62%。

表 2.10.15　道路面积变化监测统计表

地表覆盖类别	监 测 年 度	面积 / 公顷	较上年度变化 / 公顷
路面	2017 年	157.70	—
	2018 年	181.53	23.83
	2019 年	196.06	14.53

2.10.8　居民地与设施

1. 房屋建筑区

保护区内房屋建筑区总面积 223.64 公顷，占保护区总面积的 0.71%，以高密度低矮房屋建筑为主，占房屋建筑区的 78.98%，其余为低矮独立房屋建筑，占房屋建筑区的 21.02%。按占比统计，房屋建筑区在核心区和缓冲区均有零星分布，但主要分布在实验区，占整个保护区房屋建筑区面积的 63.58%。

保护区内按功能分区统计的房屋建筑区面积及占比如表 2.10.16 所示。

表 2.10.16　房屋建筑区统计表

功 能 分 区	面积 / 公顷	占比 /%
核心区	22.34	0.19
缓冲区	59.11	0.61
实验区	142.19	1.37
保护区全域	223.64	0.71

经对比 2017—2019 年三个年度的监测数据，保护区内的房屋建筑区整体趋于不变。房屋建筑区变化监测统计如表 2.10.17 所示，房屋建筑区分布及变化情况如图 2.10.8 所示。

表 2.10.17　房屋建筑区变化监测统计表

地表覆盖类别	监 测 年 度	面积 / 公顷	较上年度变化 / 公顷
房屋建筑区	2017 年	223.65	—
	2018 年	220.46	–3.19
	2019 年	223.64	3.18

2．构筑物

保护区内构筑物总面积 7.31 公顷，占保护区总面积的 0.02%，其中，包括露天堆放场、碾压踩踏地表和其他硬化地表在内的硬化地表 6.71 公顷，温室大棚 0.60 公顷。按占比统计，构筑物在核心区和缓冲区均有零星分布，整个保护区构筑物的 71.68% 分布在实验区。保护区内按功能分区统计的构筑物面积及占比如表 2.10.18 所示。

表 2.10.19 统计的是 2017—2019 年三个年度的构筑物变化监测情况。从表中可以看出，构筑物总体趋于减少，减少主要集中于碾压踩踏地表，其他硬化地表和温室大棚则有所增加。

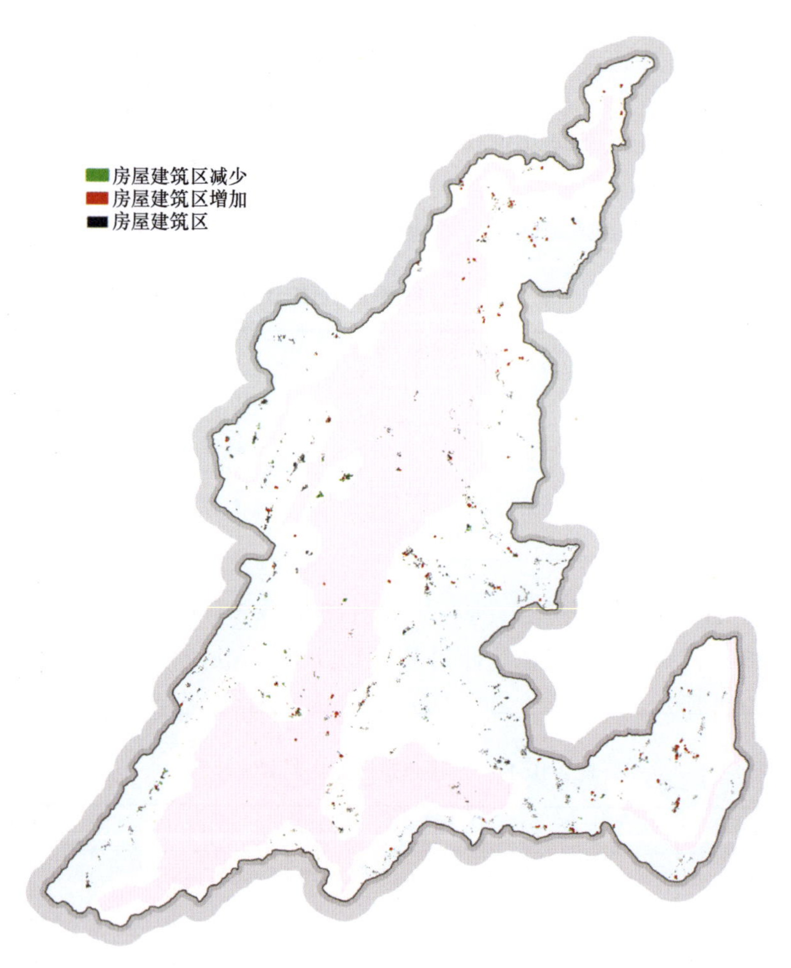

图 2.10.8　房屋建筑区分布及变化图

表 2.10.18　构筑物统计表

功 能 分 区	面积 / 公顷	占比 /%
核心区	0.91	0.01
缓冲区	1.16	0.01
实验区	5.24	0.05
保护区全域	7.31	0.02

表 2.10.19　构筑物变化监测统计表

地表覆盖类别	监 测 年 度	面积 / 公顷	较上年度变化 / 公顷
构筑物	2017 年	12.71	—
	2018 年	12.94	0.23
	2019 年	7.31	–5.63

第3章 省级自然保护区

3.1 省级自然保护区概况

贵州省境内共有7个省级自然保护区，因“贵州革东古生物化石省级自然保护区”未收集到资料，故共计完成监测统计工作的保护区有6个，空间上分布在遵义市（1个）、毕节市（2个）、铜仁市（2个）、黔南布依族苗族自治州（1个），合计土地面积100686.96公顷，占全省土地面积的0.57%，如表3.1.1所示。

表3.1.1 省级自然保护区所在地、保护对象及监测面积

名　称	所在地	保护对象	监测面积/公顷
贵州百里杜鹃省级自然保护区	毕节市	杜鹃林	9667.07
贵州都柳江源湿地省级自然保护区	黔南布依族苗族自治州	原生性泥炭藓沼泽湿地生物资源、森林资源与生态环境	21265.50
贵州纳雍珙桐省级自然保护区	毕节市	森林生态系统	11378.57
贵州印江洋溪省级自然保护区	铜仁市	森林生态系统	21839.82
贵州湄潭百面水省级自然保护区	遵义市	国家二级保护植物黄杉及森林生态系统	19146.36
贵州思南四野屯省级自然保护区	铜仁市	亚热带常绿阔叶林森林系统和珍稀濒危野生动植物	17389.64

省级自然保护区中，以森林生态系统为主要保护类型，林草覆盖是主要土地资源类型，总面积79101.12公顷，占省级自然保护区总土地面积的78.56%；种植土地面积19026.55公顷，占省级自然保护区总土地面积的18.90%。

3.2 贵州百里杜鹃省级自然保护区

3.2.1 保护区概况

贵州百里杜鹃省级自然保护区始建于2001年12月20日，现级别批准时

间为 2014 年 1 月。百里杜鹃被誉为“地球彩带、杜鹃王国、养生福地、清凉世界”。保护区主要保护对象为杜鹃林，旅游资源十分丰富，保护区内分布景区景点 40 余处，有世界上面积最大、种类最多、保存最好的原始杜鹃林带，拥有全世界杜鹃花全部 5 个亚属和 60 多个品牌。此外，还有大草原、杜鹃花王、九龙山、米底河、红军黄家坝阻击战遗址，千年一吻、千年古银杏群、温泉等旅游资源。

贵州百里杜鹃省级自然保护区位于贵州省西北部，毕节试验区中部，黔西与大方两县交界处，辖普底、金坡、仁和、大水、黄泥、沙厂、百纳 7 个民族乡。保护区总面积 9667.07 公顷，其中，核心区面积 1460.76 公顷，占保护区总面积的 15.11%；缓冲区面积 1529.25 公顷，占保护区总面积的 15.82%；实验区面积 6677.06 公顷，占保护区总面积的 69.07%。保护区功能分区示意图如图 3.2.1 所示。

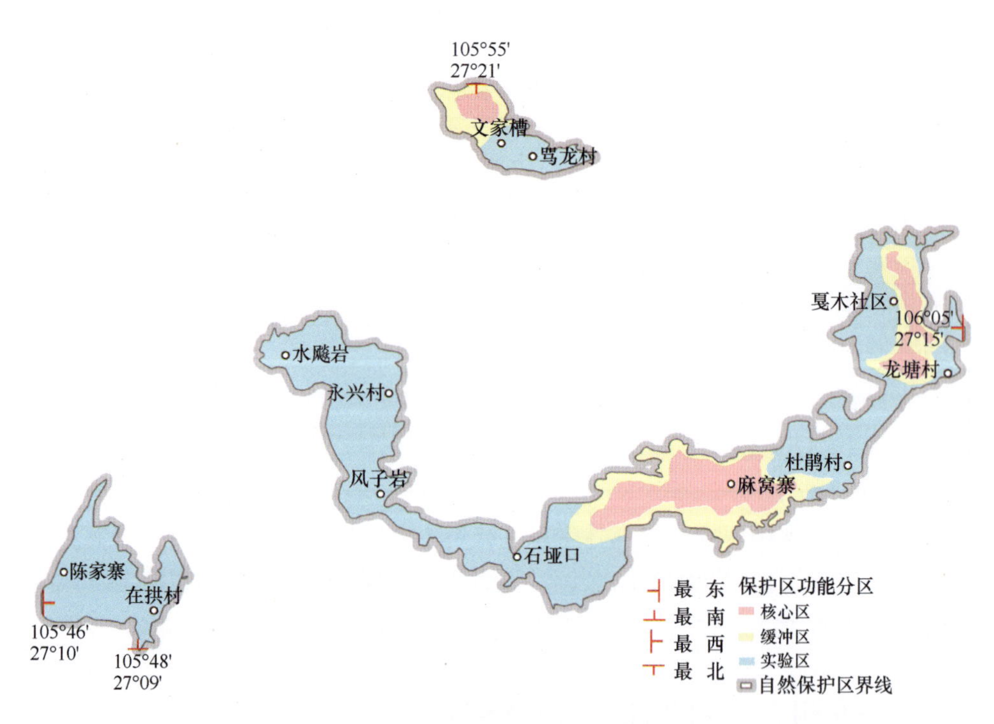

图 3.2.1　保护区功能分区示意图

保护区卫星影像图是利用高分一号卫星影像制作的，时相为 2020 年 4 月，如图 3.2.2 所示。

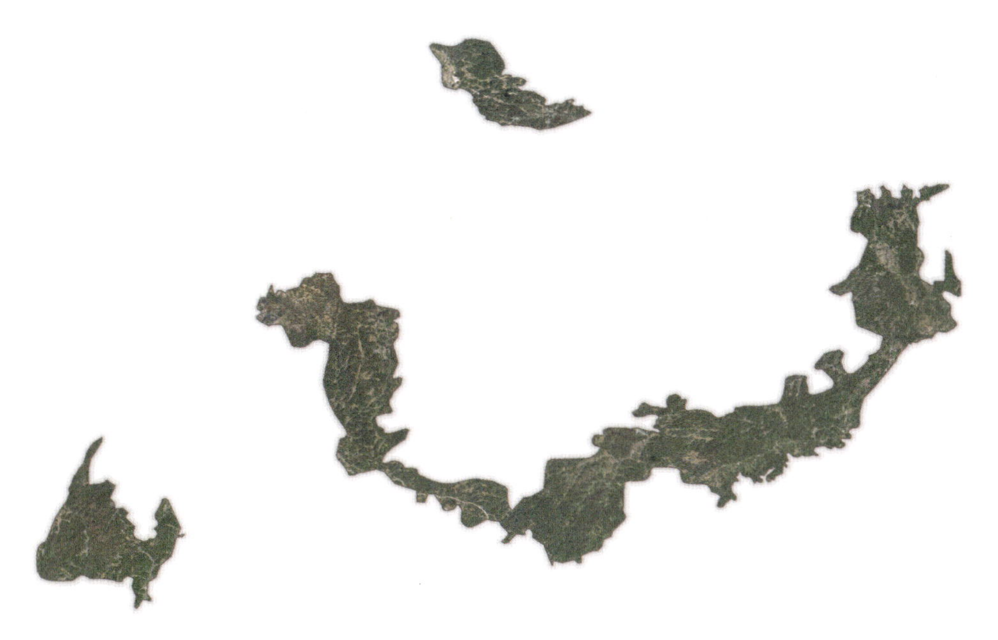

图 3.2.2　保护区卫星影像图

保护区内分布有种植土地、林草覆盖、房屋建筑区、铁路与道路、构筑物、人工堆掘地、荒漠与裸露地、水域（覆盖）8 个一级类。种植土地覆盖面积 2304.66 公顷，占保护区总面积的 23.84%；林草覆盖面积 7059.34 公顷，占保护区总面积的 73.03%；房屋建筑区覆盖面积 122.95 公顷，占保护区总面积的 1.27%；铁路与道路覆盖面积 113.49 公顷，占保护区总面积的 1.17%；构筑物覆盖面积 27.45 公顷，占保护区总面积的 0.28%；人工堆掘地覆盖面积 23.79 公顷，占保护区总面积的 0.25%；荒漠与裸露地覆盖面积 13.55 公顷，占保护区总面积的 0.14%；水域覆盖面积 1.84 公顷，占保护区总面积的 0.02%。保护区地表覆盖面积及占比如表 3.2.1 所示，地表覆盖分布如图 3.2.3 所示。

表 3.2.1　地表覆盖统计表

地表覆盖类别	面积 / 公顷	占比 /%
种植土地	2304.66	23.84
林草覆盖	7059.34	73.03
房屋建筑区	122.95	1.27
铁路与道路	113.49	1.17
构筑物	27.45	0.28

（续表）

地表覆盖类别	面积 / 公顷	占比 /%
人工堆掘地	23.79	0.25
荒漠与裸露地	13.55	0.14
水域（覆盖）	1.84	0.02
合计	9667.07	100.00

图 3.2.3　地表覆盖分布图

3.2.2　地形

1. 高程信息

保护区高程分布在 1000 ～ 2000 米，变化趋势为西高东低，将保护区范围内高程划分为 3 级，其中 84.31% 的土地面积集中在 1500 ～ 2000 米。保护区高程分级的面积及占比如表 3.2.2 所示，高程分级分布如图 3.2.4 所示。

表 3.2.2　高程分级面积及占比统计表

高程分级 / 米	面积 / 公顷	占比 /%
1000 ～ 1200	19.30	0.20
1200 ～ 1500	1497.44	15.49
1500 ～ 2000	8150.33	84.31
合计	9667.07	100.00

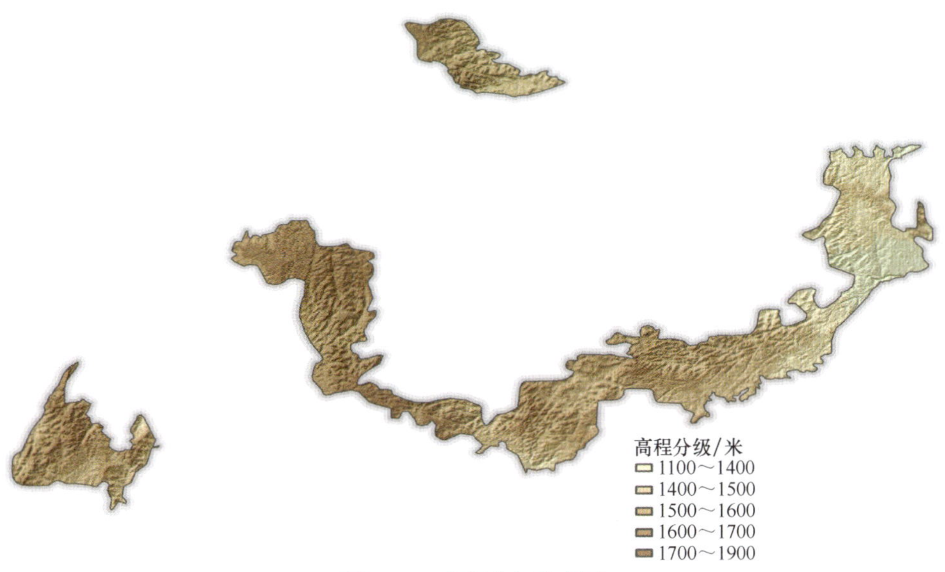

图 3.2.4　高程分级分布图

2. 坡度信息

保护区范围内地形陡峭，坡度大。坡度在 15° 以上的面积为 6322.92 公顷，占总面积的 65.41%；坡度在 15° 以下的面积为 3344.15 公顷，占总面积的 34.59%。

保护区坡度分级面积及占比如表 3.2.3 所示，坡度分级分布如图 3.2.5 所示。

表 3.2.3　坡度分级面积及占比统计表

坡度分级	面积 / 公顷	占比 /%
0° ～ 2°	12.86	0.13
2° ～ 3°	28.75	0.30
3° ～ 5°	172.60	1.78
5° ～ 6°	159.88	1.65
6° ～ 8°	477.13	4.94
8° ～ 10°	624.42	6.46
10° ～ 15°	1868.51	19.33
15° ～ 25°	3385.67	35.02
25° ～ 35°	2023.85	20.94
≥ 35°	913.40	9.45
合计	9667.07	100.00

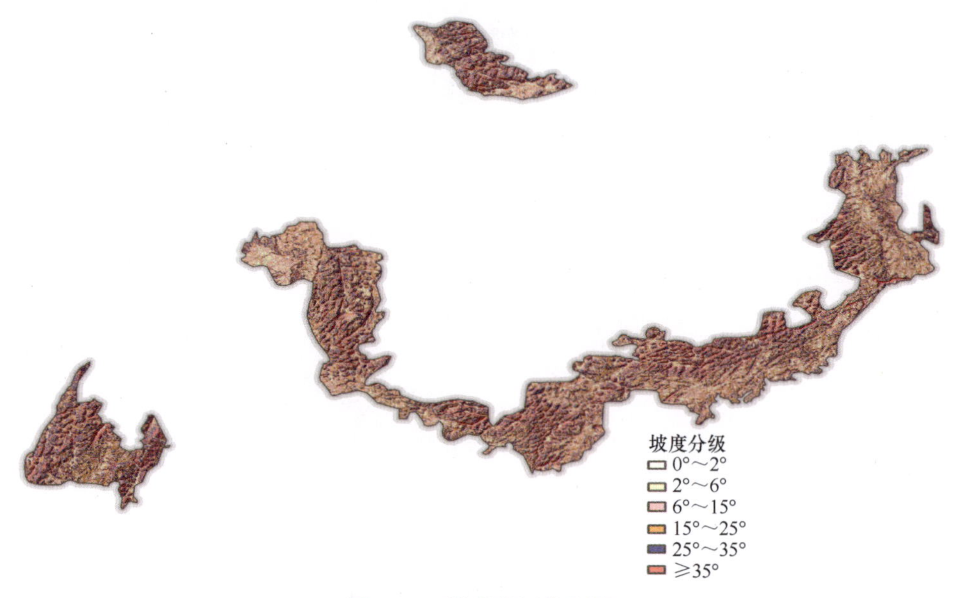

图 3.2.5 坡度分级分布图

3.2.3 植被

保护区植被覆盖总面积为 9364.00 公顷，占保护区总面积的 96.86%。植被覆盖包括种植土地、林草覆盖两个大类，分别占保护区总面积的 23.84% 和 73.02%。植被面积、占比和构成比的统计如表 3.2.4 所示。

表 3.2.4 植被统计表

功能分区	植被覆盖类型	面积 / 公顷	占比 /%	构成比 /%
核心区	种植土地	381.37	26.11	26.62
	林草覆盖	1051.43	71.98	73.38
	合计	1432.80	98.09	100.00
缓冲区	种植土地	493.36	32.26	33.49
	林草覆盖	979.95	64.08	66.51
	合计	1473.31	96.34	100.00
实验区	种植土地	1429.94	21.42	22.14
	林草覆盖	5027.95	75.30	77.86
	合计	6457.89	96.72	100.00
保护区全域	种植土地	2304.66	23.84	24.61
	林草覆盖	7059.34	73.02	75.39
	合计	9364.00	96.86	100.00

表 3.2.5 统计的是 2017—2019 年三个年度的植被变化监测情况。从表中可以看出，种植土地 2018 年度较 2017 年度减少了 9.65 公顷，2019 年度较 2018 年度减少了 1.85 公顷；林草覆盖 2018 年度较 2017 年度减少了 7.98 公顷，2019 年度较 2018 年度减少了 5 公顷，整体呈减少趋势。

表 3.2.5　植被变化监测统计表

地表覆盖类别	监 测 年 度	面积 / 公顷	较上年度变化 / 公顷
种植土地	2017 年	2316.16	—
	2018 年	2306.51	–9.65
	2019 年	2304.66	–1.85
林草覆盖	2017 年	7072.32	—
	2018 年	7064.34	–7.98
	2019 年	7059.34	–5.00

3.2.4　水域

1. 水域（覆盖）

保护区内水域（覆盖）总面积 1.84 公顷。从空间分布上，保护区内的地表水主要集中在实验区。按占比统计，实验区水域（覆盖）面积 1.84 公顷，占实验区总面积的 0.02 名 %。水域（覆盖）面积及占比统计如表 3.2.6 所示，水域分布如图 3.2.6 所示。

表 3.2.6　水域（覆盖）统计表

功 能 分 区	面积 / 公顷	占比 /%
核心区	—	—
缓冲区	—	—
实验区	1.84	0.02
保护区全域	1.84	0.02

表 3.2.7 统计的是 2017—2019 年三个年度的水域（覆盖）变化监测情况。从表中可以看出，2018 年度监测结果较上年度增加了 0.61 公顷，2019 年度较 2018 年度增加了 0.09 公顷，总体上，水域（覆盖）变化面积呈增加趋势。

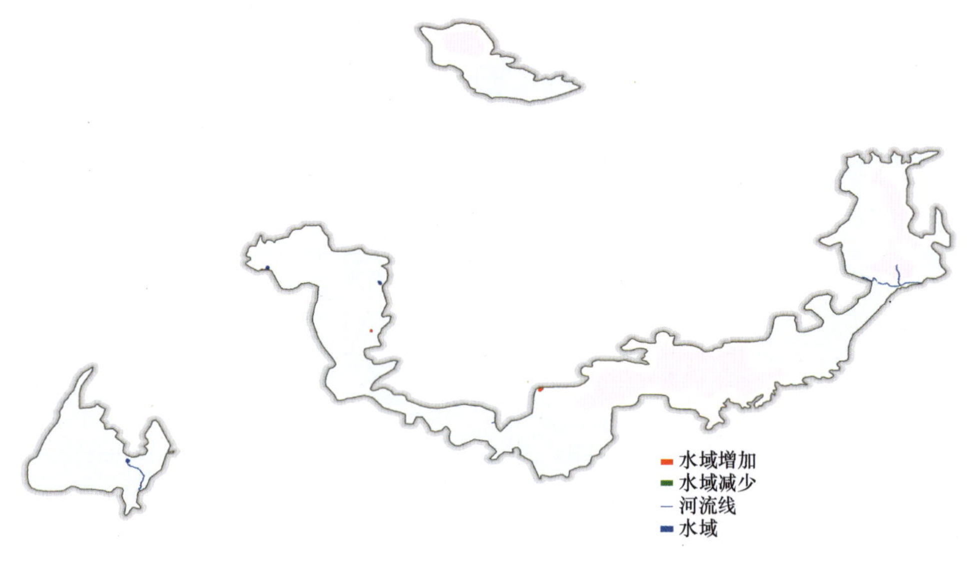

图 3.2.6　水域分布图

表 3.2.7　水域（覆盖）变化监测统计表

地表覆盖类别	监 测 年 度	面积 / 公顷	较上年度变化 / 公顷
水域（覆盖）	2017 年	1.14	—
	2018 年	1.75	0.61
	2019 年	1.84	0.09

2. 水体

对保护区内的水体分类型统计结果显示，在不同水体类型中，坑塘面积 1.98 公顷，河渠总长度为 5.41 千米，其中河流长度 5.41 千米，占河渠长度的 100%；按照监测规则，没有符合监测面积指标的河流、水渠、湖泊及水库。水体统计如表 3.2.8 所示。

表 3.2.8　水体统计表

水 体 类 型	子 类 型	长度 / 千米	面积 / 公顷
河渠	河流	5.41	—
	水渠	—	—
湖泊	湖泊	—	—
库塘	水库	—	—
	坑塘	—	1.98

3.2.5　荒漠与裸露地

保护区内荒漠与裸露地总面积 13.55 公顷，占保护区总面积的 0.14%，主要类型为泥土地表、岩石地表和砾石地表。其中，实验区分布最多，占实验区总面积的 0.19%；缓冲区分布最少，占缓冲区总面积的 0.01%。

保护区内按功能分区统计的荒漠与裸露地面积及占比如表 3.2.9 所示。

表 3.2.9　荒漠与裸露地统计表

功 能 分 区	面积 / 公顷	占比 /%
核心区	0.45	0.03
缓冲区	0.19	0.01
实验区	12.91	0.19
保护区全域	13.55	0.14

表 3.2.10 是保护区 2017—2019 年三个年度的荒漠与裸露地变化监测统计表。可以看出，2018 年度监测结果较 2017 年度没有变化，2019 年度监测结果较 2018 年度增加了 0.22 公顷，整体变化面积呈增加趋势。

表 3.2.10　荒漠与裸露地变化监测统计表

地表覆盖类别	监 测 年 度	面积 / 公顷	较上年度变化 / 公顷
荒漠与裸露地	2017 年	13.33	—
	2018 年	13.33	0.00
	2019 年	13.55	0.22

3.2.6　人工堆掘地

保护区内的人工堆掘地有建筑工地、堆放物、露天采掘场、其他人工堆掘地四个类型，合计面积占保护区总面积的 0.25%，其中建筑工地占保护区总面积的 0.08%、堆放物占保护区总面积的 0.07%、露天采掘场占保护区总面积的 0.03%、其他人工堆掘地占保护区总面积的 0.07%。

保护区内按功能分区统计的人工堆掘地面积及占比如表 3.2.11 所示。

表 3.2.11　人工堆掘地统计表

功 能 分 区	面积 / 公顷	占比 /%
核心区	1.04	0.07
缓冲区	5.94	0.39
实验区	16.81	0.25
保护区全域	23.79	0.25

表 3.2.12 是保护区 2017—2019 年三个年度的人工堆掘地变化监测统计表。从表中可以看出，2018 年度较 2017 年度的监测结果增加了 3.85 公顷，2019 年度较 2018 年度的监测结果增加了 1.69 公顷，整体变化面积呈增加趋势。

表 3.2.12　人工堆掘地变化监测统计表

地表覆盖类别	监 测 年 度	面积 / 公顷	较上年度变化 / 公顷
人工堆掘地	2017 年	18.25	—
	2018 年	22.10	3.85
	2019 年	23.79	1.69

3.2.7　交通网络

1. 交通里程

按道路等级和类型，对保护区内的道路里程进行统计。

等级以上公路按道路国标统计共计 74.60 千米，其中，省道长 11.07 千米，县道长 30.55 千米，乡道长 32.87 千米，其他公路 0.11 千米。

按道路技术等级统计，二级公路长 5.41 千米，三级公路长 3.13 千米，四级公路长 57.79 千米，等外公路长 8.27 千米。

保护区内乡村道路总里程 144.51 千米，包含农村硬化道路和机耕路，二者比例接近 1∶1。道路分布具体位置如图 3.2.7 所示。

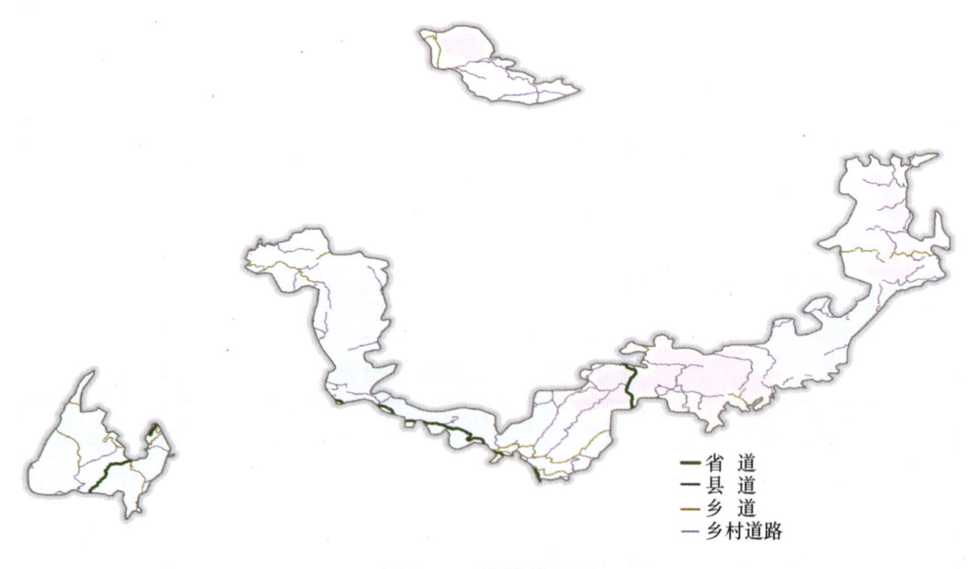

图 3.2.7　道路分布图

表 3.2.13 是 2017—2019 年保护区内各类型道路里程变化监测统计表。从表中可以看出，三个年度变化监测显示公路里程共增加了 56.66 千米，主要原因是在监测时间段内，新修了普底—茶店、普底—大草原、化窝—包谷地垭口、大洞口—杜鹃等多条公路，因而公路总里程增加较多；乡村道路在监测期内共增加里程 5.14 千米，主要原因是在该期间贵州省实施了“组组通”道路工程。该保护区内没有铁路和城市道路。

表 3.2.13　各类型道路里程变化监测统计表

监测年度	铁路里程 / 千米	公路里程 / 千米	城市道路里程 / 千米	乡村道路里程 / 千米
2017 年	—	17.94	—	139.37
2018 年	—	21.51	—	140.09
2019 年	—	74.60	—	144.51

2. 道路面积

保护区内道路面积（含公路和乡村道路）共 113.49 公顷，面积仅占整个保护区总面积的 1.17%。按占比统计，核心区道路面积占核心区总面积的 0.94%，缓冲区道路面积占缓冲区总面积的 1.35%，实验区道路面积占实验区总面积的 1.18%。道路面积及占比如表 3.2.14 所示。

表 3.2.14　道路面积统计表

功能分区	面积 / 公顷	占比 /%
核心区	13.72	0.94
缓冲区	20.67	1.35
实验区	79.10	1.18
保护区全域	113.49	1.17

表 3.2.15 是 2017—2019 年三个年度保护区内各类型道路面积变化监测统计表。从表中可以看出，2018 年度较 2017 年度增加了 6.60 公顷，2019 年度较 2018 年度增加了 2.27 公顷，整体变化面积呈增加趋势。

表 3.2.15　道路面积变化监测统计表

地表覆盖类别	监测年度	面积 / 公顷	较上年度变化 / 公顷
路面	2017 年	104.62	—
	2018 年	111.22	6.60
	2019 年	113.49	2.27

3.2.8 居民地与设施

1. 房屋建筑区

保护区内房屋建筑区总面积122.95公顷，占保护区总面积的1.27%，其中高密度低矮房屋建筑区面积为89.60公顷，占房屋建筑总面积的72.88%。按占比统计，实验区房屋建筑区面积占实验区总面积的1.29%，缓冲区房屋建筑区面积占缓冲区总面积的1.60%，核心区房屋建筑区面积占核心区总面积的0.86%。

保护区内按功能分区统计的房屋建筑区面积及占比如表3.2.16所示。

表3.2.16 房屋建筑区统计表

功能分区	面积/公顷	占比/%
核心区	12.53	0.86
缓冲区	24.42	1.60
实验区	86.00	1.29
保护区全域	122.95	1.27

表3.2.17是保护区内房屋建筑区变化监测统计表。从表中可以看出，保护区内的房屋建筑区变化趋势为缓慢增加，2018年度监测面积较上年度增加了3.38公顷，2019年度较上年度增加了1.61公顷。房屋建筑区分布及变化情况如图3.2.8所示。

表3.2.17 房屋建筑区变化监测统计表

地表覆盖类别	监测年度	面积/公顷	较上年度变化/公顷
房屋建筑区	2017年	117.96	—
	2018年	121.34	3.38
	2019年	122.95	1.61

2. 构筑物

保护区内构筑物总面积27.45公顷，其中，包括硬化护坡、露天堆放场、场院等在内的硬化地表23.27公顷，温室大棚有3.44公顷，固化池有0.34公顷，还有工业设施0.40公顷。

保护区内按功能分区统计的构筑物面积及占比如表3.2.18所示。

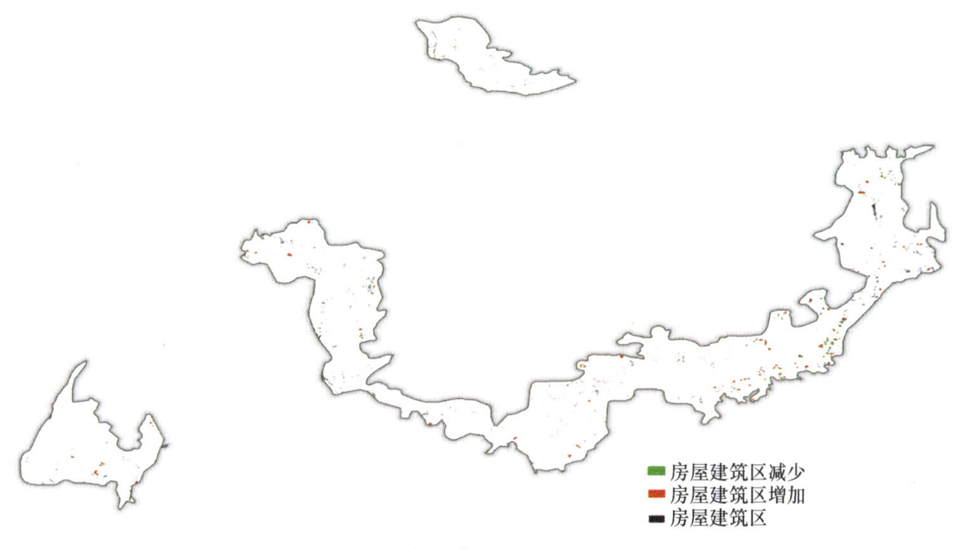

图 3.2.8　房屋建筑区分布及变化图

表 3.2.18　构筑物统计表

功 能 分 区	面积 / 公顷	占比 /%
核心区	0.22	0.02
缓冲区	4.72	0.31
实验区	22.51	0.34
保护区全域	27.45	0.28

表 3.2.19 是保护区 2017—2019 年三个年度的构筑物变化监测统计表。从表中可以看出，构筑物面积变化整体呈增加趋势，其中，2018 年度较 2017 年度增加了 3.20 公顷，2019 年度较 2018 年度增加了 0.96 公顷。

表 3.2.19　构筑物变化监测统计表

地表覆盖类别	监 测 年 度	面积 / 公顷	较上年度变化 / 公顷
构筑物	2017 年	23.29	—
	2018 年	26.49	3.20
	2019 年	27.45	0.96

3.3 贵州都柳江源湿地省级自然保护区

3.3.1 保护区概况

2013 年 9 月 6 日，贵州省人民政府批复同意建立贵州都柳江源湿地省级自然保护区。保护区是都柳江水系的源头，珠江上游重要的生态屏障，省内第一个以原生性泥炭藓沼泽湿地生物资源、森林资源与生态环境为主要保护对象的生态湿地类型自然保护区。都柳江源湿地是贵州省仅存不多、面积较大、湿地类型较多的中山台地原生森林和泥炭藓沼泽湿地之一，具有明显的中亚热带湿地生态环境演替和生态系统恢复科学研究价值，也是都柳江流域重要的生态安全保障。

贵州都柳江源湿地省级自然保护区位于黔南州独山县东北部与都匀市、三都县交界的区域，涉及独山县五个园区（独山经济开发区、独山高新技术产业园区、独山现代农业示范园区、独山紫林山国家森林公园、独山城乡统筹改革实验区）、四个镇（百泉镇、麻万镇、影山镇、基长镇）。保护区东西方向长度为 18.57 千米，南北长度为 25.20 千米。保护区总面积为 21265.50 公顷，其中核心区面积为 5252.58 公顷，占保护区总面积的 24.70%；实验区面积为 10779.48 公顷，占保护区总面积的 50.69%；缓冲区面积为 5233.44 公顷，占保护区总面积的 24.61%。保护区功能分区示意图如图 3.3.1 所示。

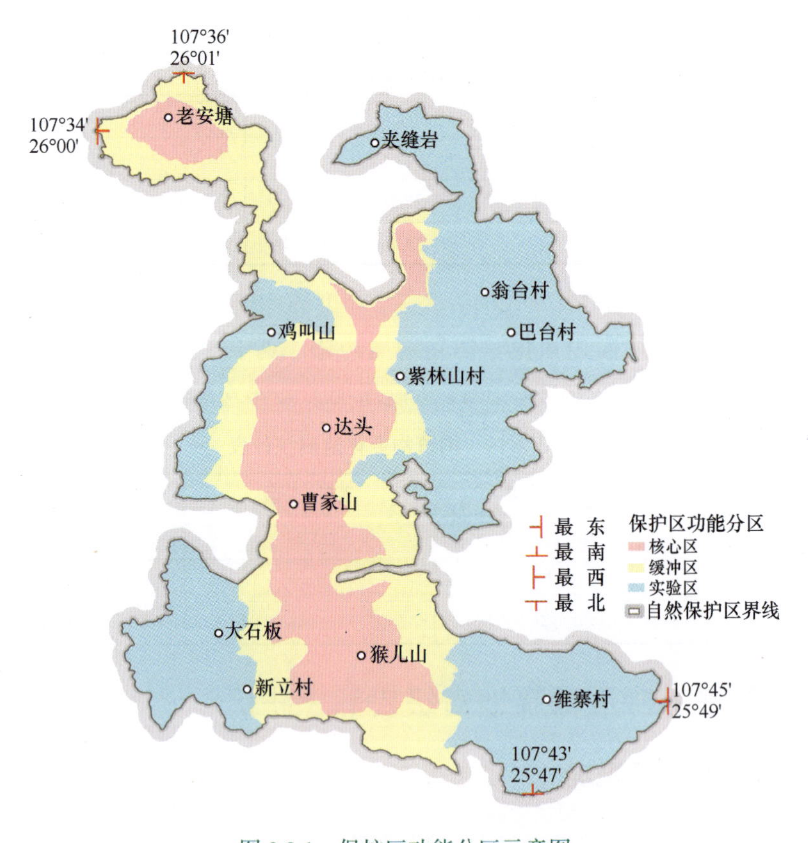

图 3.3.1　保护区功能分区示意图

保护区卫星影像图是利用高分一号卫星影像制作的，时相为 2020 年 2 月，如图 3.3.2 所示。

图 3.3.2　保护区卫星影像图

保护区范围内分布有种植土地、林草覆盖、房屋建筑区、铁路与道路、构筑物、人工堆掘地、荒漠与裸露地、水域（覆盖）8 个一级类。种植土地覆盖面积 2120.04 公顷，占保护区总面积的 9.97%；林草覆盖面积 18703.97 公顷，占保护区总面积的 87.95%；房屋建筑区覆盖面积 118.15 公顷，占保护区总面积的 0.56%；铁路与道路、人工堆掘地占保护区总面积的比均在 0.5% 左右；荒漠与裸露地覆盖、水域覆盖面积较小，占保护区总面积比均在 0.3% 左右；构筑物面积最小，占保护区总面积的 0.02%。保护区的地表覆盖面积及占比如表 3.3.1 所示，地表覆盖分布如图 3.3.3 所示。

表 3.3.1　地表覆盖统计表

地表覆盖类别	面积 / 公顷	占比 /%
种植土地	2120.04	9.97
林草覆盖	18703.97	87.95

（续表）

地表覆盖类别	面积 / 公顷	占比 /%
房屋建筑区	118.15	0.56
铁路与道路	121.49	0.57
构筑物	4.25	0.02
人工堆掘地	88.90	0.42
荒漠与裸露地	45.50	0.21
水域（覆盖）	63.20	0.30
合计	21265.50	100.00

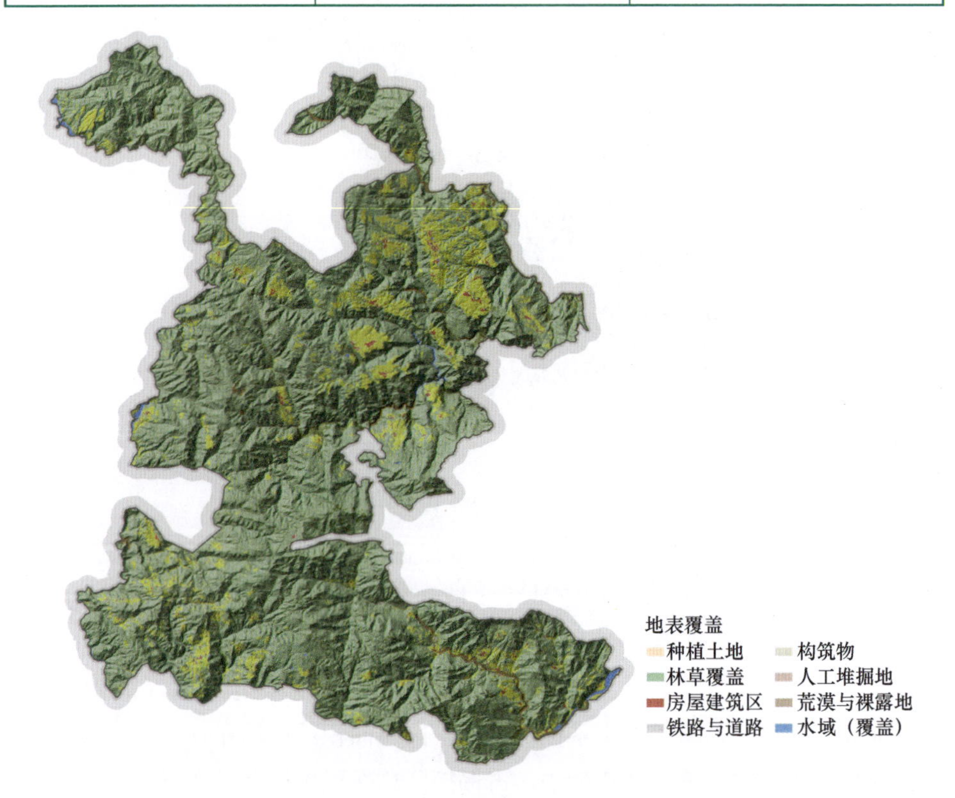

图 3.3.3　地表覆盖分布图

3.3.2　地形

1. 高程信息

将保护区范围内高程划分为 5 级，保护区总面积 21265.50 公顷，87.81% 的面积高程集中在 800 ～ 1500 米，800 米以下的面积仅占 9.65%，1500 米以上面积占 2.54%。整个保护区范围内高程变化趋势为，总体上从南向北逐渐上升。保护区高程分级面积及占比如表 3.3.2 所示，高程分级分布如图 3.3.4 所示。

表 3.3.2　高程分级面积及占比统计表

高程分级 / 米	面积 / 公顷	占比 /%
500 ～ 800	2052.98	9.65
800 ～ 1000	3738.65	17.58
1000 ～ 1200	6257.77	29.43
1200 ～ 1500	8676.74	40.80
1500 ～ 2000	539.36	2.54
合计	21265.50	100.00

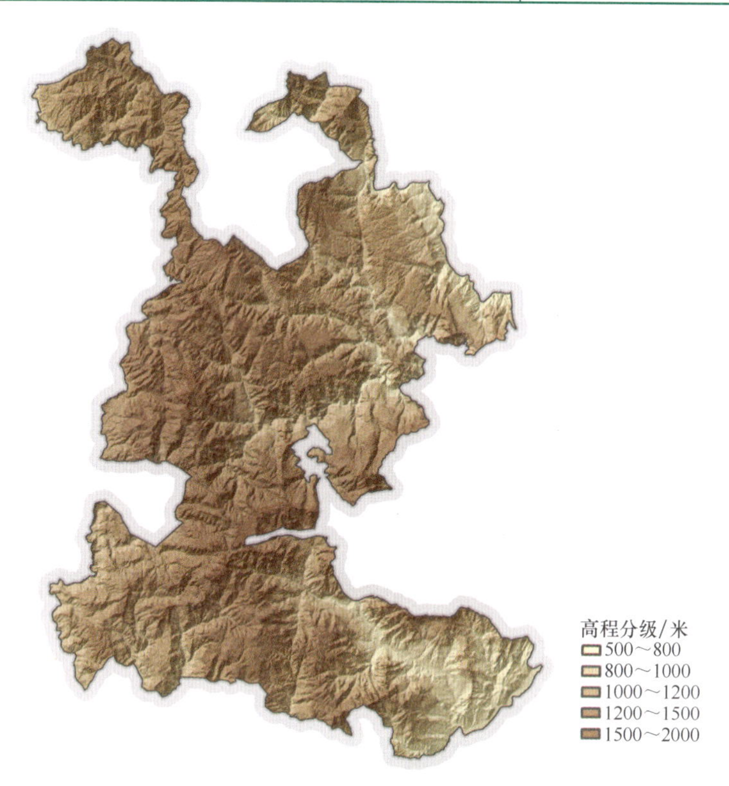

图 3.3.4　高程分级分布图

2. 坡度信息

将保护区范围内坡度分为 10 级，保护区坡度在 10° 以上的面积为 20253.16 公顷，占保护区总面积的 95.24%。保护区内平地较少，坡度在 10° 以下的面积总和有 1012.34 公顷，占保护区总面积的 4.76%。保护区坡度分级面积及占比如表 3.3.3 所示，坡度分级分布如图 3.3.5 所示。

表 3.3.3　坡度分级面积及占比统计表

坡 度 分 级	面积 / 公顷	占比 /%
0° ～ 2°	64.86	0.31
2° ～ 3°	27.08	0.13
3° ～ 5°	115.09	0.54
5° ～ 6°	102.96	0.48
6° ～ 8°	281.44	1.32
8° ～ 10°	420.91	1.98
10° ～ 15°	1708.50	8.03
15° ～ 25°	5252.50	24.70
25° ～ 35°	6166.26	29.00
≥ 35°	7125.90	33.51
合计	21265.50	100.00

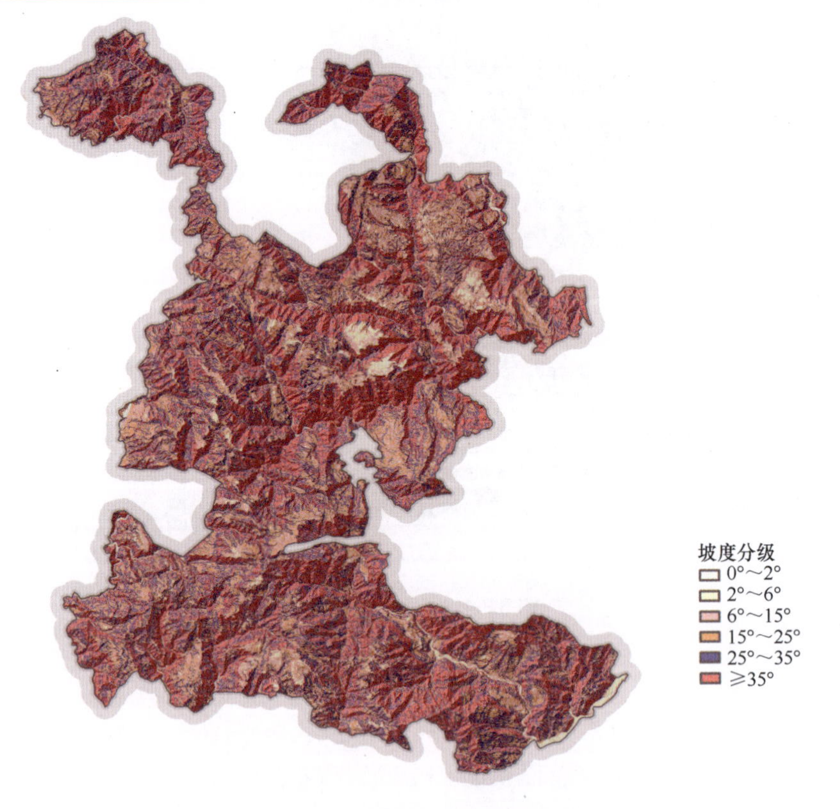

图 3.3.5　坡度分级分布图

3.3.3　植被

保护区植被覆盖面积为 20824.01 公顷，占保护区总面积的 97.92%。植被覆盖包括种植土地、林草覆盖两个大类，分别占保护区总面积的 9.97% 和 87.95%。植被面积、占比和构成比的统计如表 3.3.4 所示。

表 3.3.4　植被统计表

功能分区	植被覆盖类型	面积 / 公顷	占比 /%	构成比 /%
核心区	种植土地	200.14	3.81	3.84
	林草覆盖	5011.31	95.41	96.16
	合计	5211.45	99.22	100.00
缓冲区	种植土地	306.09	5.85	5.93
	林草覆盖	4856.77	92.80	94.07
	合计	5162.86	98.65	100.00
实验区	种植土地	1613.80	14.97	15.44
	林草覆盖	8835.90	81.97	84.56
	合计	10449.70	96.94	100.00
保护区全域	种植土地	2120.04	9.97	10.18
	林草覆盖	18703.97	87.95	89.82
	合计	20824.01	97.92	100.00

表 3.3.5 统计的是 2017—2019 年三个年度的植被变化监测情况。从表中可以看出，种植土地 2018 年度较 2017 年度增加了 34.49 公顷，2019 年度较 2018 年度减少了 4.24 公顷，总体上，种植土地面积呈增加趋势；林草覆盖 2018 年度较 2017 年度减少了 81.11 公顷，2019 年度较 2018 年度减少了 13.96 公顷，总体上林草覆盖面积呈减少趋势。

表 3.3.5　植被变化监测统计表

地表覆盖类别	监测年度	面积 / 公顷	较上年度变化 / 公顷
种植土地	2017 年	2089.79	—
	2018 年	2124.28	34.49
	2019 年	2120.04	–4.24
林草覆盖	2017 年	18799.04	—
	2018 年	18717.93	–81.11
	2019 年	18703.97	–13.96

3.3.4 水域

1. 水域（覆盖）

水域（覆盖）总面积63.20公顷。从空间分布上，保护区内地表水主要集中在实验区和缓冲区，实验区水域（覆盖）面积占实验区总面积的0.44%，缓冲区水域（覆盖）面积占缓冲区总面积的0.29%，核心区水域（覆盖）面积占核心区总面积的0.01%。水域（覆盖）面积及占比如表3.3.6所示，水域分布如图3.3.6所示。

表3.3.6 水域（覆盖）统计表

功 能 分 区	面积/公顷	占比/%
核心区	0.43	0.01
缓冲区	15.06	0.29
实验区	47.71	0.44
保护区全域	63.20	0.30

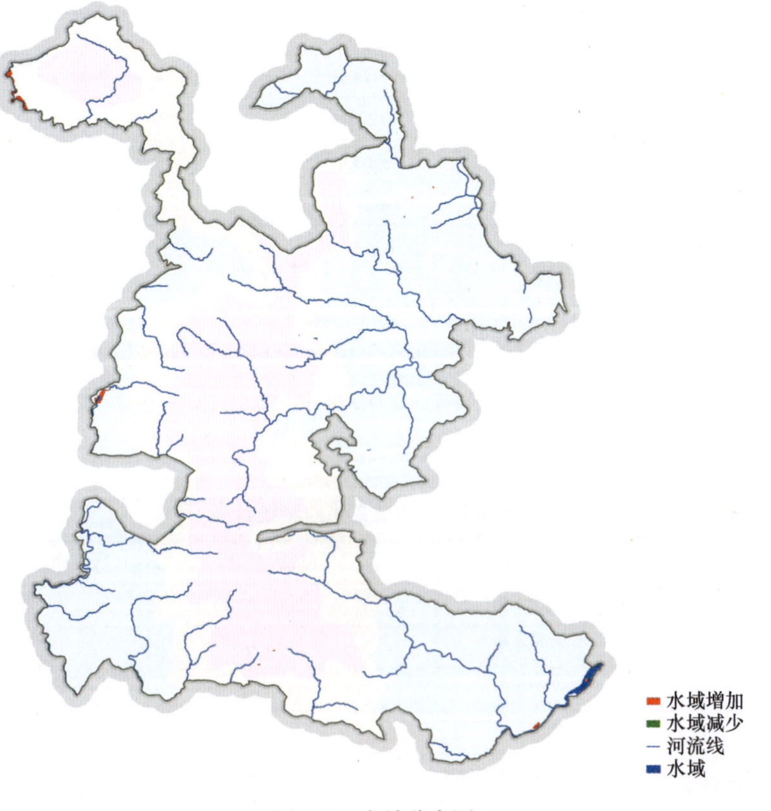

图3.3.6 水域分布图

表 3.3.7 统计的是 2017—2019 年三个年度的水域（覆盖）变化监测情况，2018 年度较 2017 年度增加了 3.59 公顷，2019 年度较 2018 年度增加了 19.54 公顷。总体上，水域（覆盖）面积呈增加趋势。

表 3.3.7　水域（覆盖）变化监测统计表

地表覆盖类别	监测年度	面积 / 公顷	较上年度变化 / 公顷
水域（覆盖）	2017 年	40.07	—
	2018 年	43.66	3.59
	2019 年	63.20	19.54

2. 水体

对保护区内的水体分类型统计结果显示，在不同水体类型中，水库面积最大，其他类型水体面积占比较小，保护区范围内河渠线长度 129.33 千米，全部为河流。按照监测规则，没有符合监测面积指标的河流、水渠和湖泊面积。水体统计如表 3.3.8 所示。

表 3.3.8　水体统计表

水体类型	子类型	长度 / 千米	面积 / 公顷
河渠	河流	129.33	—
	水渠	—	—
湖泊	湖泊	—	—
库塘	水库	—	13.95
	坑塘	—	4.89

3.3.5　荒漠与裸露地

保护区内的荒漠与裸露地在保护区内零星分布，占比不大，合计面积占保护区总面积的比仅 0.21%，包括泥土地表、砾石地表和岩石地表。

保护区内按功能分区统计的荒漠与裸露地面积及占比如表 3.3.9 所示。

表 3.3.9　荒漠与裸露地统计表

功能分区	面积 / 公顷	占比 /%
核心区	2.78	0.05
缓冲区	1.67	0.03
实验区	41.05	0.38
保护区全域	45.50	0.21

表3.3.10是保护区2017—2019年三个年度的荒漠与裸露地变化监测统计表。可以看出，2018年度监测结果较2017年度减少了7.80公顷，2019年度监测结果较2018年度增加了0.34公顷，总体呈减少趋势。

表3.3.10　荒漠与裸露地变化监测统计表

地表覆盖类别	监 测 年 度	面积/公顷	较上年度变化/公顷
荒漠与裸露地	2017年	52.96	—
	2018年	45.16	-7.80
	2019年	45.50	0.34

3.3.6　人工堆掘地

保护区内的人工堆掘地有建筑工地、其他人工堆掘地、露天采掘场三个类型，合计面积占保护区总面积的0.42%，其中建筑工地占保护区总面积的0.32%，零星分布在保护区范围内。

保护区内按功能分区统计的人工堆掘地面积及占比如表3.3.11所示。

表3.3.11　人工堆掘地统计表

功 能 分 区	面积/公顷	占比/%
核心区	6.50	0.12
缓冲区	22.61	0.43
实验区	59.79	0.55
保护区全域	88.90	0.42

表3.3.12是保护区2017—2019年三个年度的人工堆掘地变化监测统计表。可以看出，2018年度监测结果较2017年度增加了31.44公顷，2019年度监测结果较2018年度减少了5.93公顷，总体呈明显增加趋势。

表3.3.12　人工堆掘地变化监测统计表

地表覆盖类别	监 测 年 度	面积/公顷	较上年度变化/公顷
人工堆掘地	2017年	63.39	—
	2018年	94.83	31.44
	2019年	88.90	-5.93

3.3.7　交通网络

1. 交通里程

按道路等级和类型，对保护区内的道路里程进行统计。

公路按道路国标统计共计 52.06 千米，其中，县道长 34.85 千米，乡道长 17.21 千米。

按道路技术等级统计，四级公路长 51.17 千米，等外公路长 0.89 千米。

保护区内乡村道路总里程 180.15 千米，包含农村硬化道路和机耕路，长度分别为 149.06 千米和 31.09 千米。

道路分布如图 3.3.7 所示。

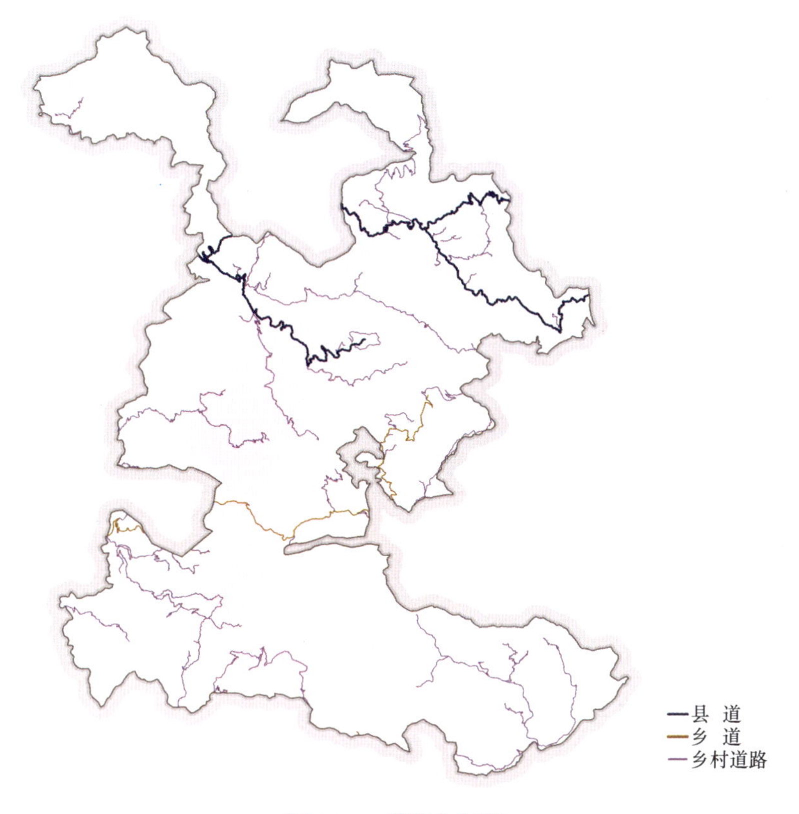

图 3.3.7　道路分布图

表 3.3.13 是保护区内各类型道路里程变化监测统计表。从表中可以看出，在监测时间段内，公路里程和乡村道路里程呈明显的增加趋势。这是因为在监测时间段内，独山县开展了公路改扩建工程，以及贵州省实施了“组组通”道路工程。保护区内没有铁路和城市道路。

表 3.3.13　各类型道路里程变化监测统计表

监测年度	铁路里程 / 千米	公路里程 / 千米	城市道路里程 / 千米	乡村道路里程 / 千米
2017 年	—	21.59	—	162.06
2018 年	—	21.48	—	175.83
2019 年	—	52.06	—	180.15

2. 道路面积

保护区道路面积（含公路、乡村道路）共 121.49 公顷，面积仅占整个保护区总面积的 0.57%。按占比统计，核心区道路面积占核心区总面积的 0.43%，缓冲区道路面积占缓冲区总面积的 0.44%，实验区道路面积占实验区总面积的 0.70%，如表 3.3.14 所示。

表 3.3.14　道路面积统计表

功能分区	面积 / 公顷	占比 /%
核心区	22.66	0.43
缓冲区	22.99	0.44
实验区	75.84	0.70
保护区全域	121.49	0.57

表 3.3.15 是保护区内 2017—2019 年三个年度道路面积变化监测统计表。从表中可以看出，2018 年度道路面积较 2017 年度增加了 13.26 公顷，2019 年度道路面积较 2018 年度增加了 5.52 公顷，道路面积整体呈增加趋势。

表 3.3.15　道路面积变化监测统计表

地表覆盖类别	监测年度	面积 / 公顷	较上年度变化 / 公顷
路面	2017 年	102.71	—
	2018 年	115.97	13.26
	2019 年	121.49	5.52

3.3.8　居民地与设施

1. 房屋建筑区

保护区内房屋建筑区总面积 118.15 公顷，面积占保护区总面积的 0.56%。除临近城区的区域分布有多层及以上房屋建筑区之外，88.61% 的建筑区为低矮房屋建筑区。按占比统计，核心区房屋建筑区面积占核心区总面积的 0.14%，缓冲区房屋建筑区面积占缓冲区总面积的 0.14%，实验区房屋建筑区面积占实验区总面积的 0.96%。

保护区内按功能分区统计的房屋建筑区面积及占比如表 3.3.16 所示。

表 3.3.16　房屋建筑区统计表

功 能 分 区	面积 / 公顷	占比 /%
核心区	7.57	0.14
缓冲区	7.29	0.14
实验区	103.29	0.96
保护区全域	118.15	0.56

表 3.3.17 是保护区内房屋建筑区变化监测统计表，从表中可以看出，保护区内的房屋建筑区总体变化趋势为增加。房屋建筑区分布及变化情况如图 3.3.8 所示。

表 3.3.17　房屋建筑区变化监测统计表

地表覆盖类别	监 测 年 度	面积 / 公顷	较上年度变化 / 公顷
房屋建筑区	2017 年	115.52	—
	2018 年	118.90	3.38
	2019 年	118.15	–0.75

图 3.3.8　房屋建筑区分布及变化图

2. 构筑物

保护区内构筑物总面积 4.25 公顷，分别为硬化地表 3.41 公顷、水工设施 0.35 公顷、温室和大棚 0.49 公顷。

保护区内按功能分区统计的构筑物面积及占比如表 3.3.18 所示。

表 3.3.18　构筑物统计表

功 能 分 区	面积 / 公顷	占比 /%
核心区	1.00	0.02
缓冲区	0.80	0.02
实验区	2.45	0.02
保护区全域	4.25	0.02

表 3.3.19 是保护区内 2017—2019 年三个年度的构筑物变化监测统计表。从表中可以看出，构筑物面积整体呈增加趋势，增加部分主要集中在其他硬化地表。

表 3.3.19　构筑物变化监测统计表

地表覆盖类别	监 测 年 度	面积 / 公顷	较上年度变化 / 公顷
构筑物	2017 年	2.01	—
	2018 年	4.57	2.56
	2019 年	4.25	–0.32

3.4 贵州纳雍珙桐省级自然保护区

3.4.1 保护区概况

2014 年 1 月，贵州省人民政府批准建立贵州纳雍珙桐省级自然保护区。保护区是以保护光叶珙桐、云贵水韭及十齿花等国家一级保护珍稀植物及其生态环境为主要对象的野生生物类保护区。保护区内国家级保护植物光叶珙桐与十齿花的分布广，种群数量大、结构多样，其中光叶珙桐集中分布面积堪称全国之最，是研究保护生物学的重要基地。同时该区域内有大面积的观赏植物如西南红山茶、多种高山杜鹃、扁刺峨眉蔷薇等植物分布，为这些植物的开发利用提供了野外研究基地。保护区是贵州省生物种类较富集的地区，这些生物携带着大量生物遗传信息，是中国遗传资源的重要组成部分。保护区资源植物丰富，有食用植物、药用植物、淀粉植物、纤维植物、油料植物、芳香油植物、鞣料植物、染料植物、树脂与树胶植物、材用植物和观赏植物。保护区气候类型属于北亚热带季风湿润气候，雨量充沛，气候温和，无霜期长，有雨热同季的特点。植被主要是亚热带山地常绿阔叶林、常绿落叶阔叶混交林与落叶阔叶林，且有较大面积的西南绣球、小果蔷薇、杜鹃等灌丛、草坡等不同演替阶段，保护区为亚热带山地森林生态系统的研究提供了重要的研究基地。

保护区位于贵州省毕节市纳雍县东南部，距纳雍县城 3.5 千米，地处乌江上游六冲河与三岔河的河间地块上。保护区涉及纳雍县的勺窝镇、中岭镇、雍熙街道、居仁街道、水东镇、张家湾镇、文昌街道共 7 个乡镇（街道）。保护区东西长度为 25.57 千米，南北长度为 13.10 千米。保护区总面积 11378.57 公顷，其中核心区面积 4557.71 公顷，占保护区总面积的 40.05%；缓冲区面积 2289.21 公顷，占保护区总面积的 20.12%；实验区面积 4531.65 公顷，占保护区总面积的 39.83%。保护区功能分区示意图如图 3.4.1 所示。

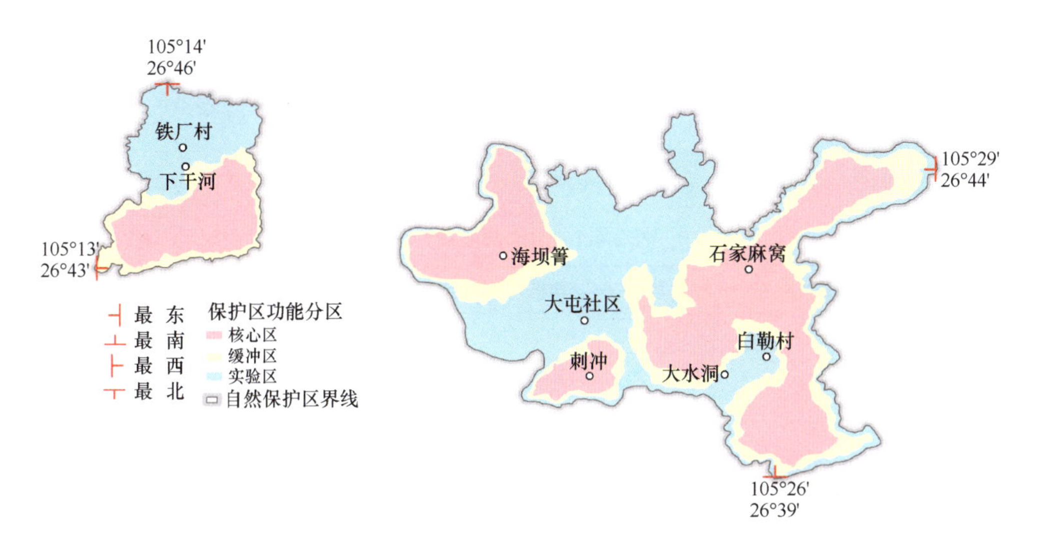

图 3.4.1　保护区功能分区示意图

保护区卫星影像图是利用高分一号和资源三号卫星影像制作的，时相为 2020 年 1 月，如图 3.4.2 所示。

保护区范围内分布有种植土地、林草覆盖、房屋建筑区、铁路与道路、构筑物、人工堆掘地、荒漠与裸露地、水域（覆盖）8 个一级类。种植土地覆盖面积 1490.70 公顷，占保护区总面积的 13.10%；林草覆盖面积 9611.15 公顷，占保护区总面积的 84.46%；房屋建筑区覆盖面积 70.20 公顷，占保护区总面积的 0.62%；铁路与道路覆盖面积 97.92 公顷，占保护区总面积的 0.86%；构筑物覆盖面积 12.25 公顷，占保护区总面积的 0.11%；人工堆掘地覆盖面积 34.58 公顷，占保护区总面积的 0.30%；水域覆盖面积 13.10 公顷，占保护区总面积的 0.12%。保护区的地表覆盖面积及占比如表 3.4.1 所示，地表覆盖分布如图 3.4.3 所示。

图 3.4.2　保护区卫星影像图

表 3.4.1　地表覆盖统计表

地表覆盖类别	面积 / 公顷	占比 /%
种植土地	1490.70	13.10
林草覆盖	9611.15	84.46
房屋建筑区	70.20	0.62
铁路与道路	97.92	0.86
构筑物	12.25	0.11
人工堆掘地	34.58	0.30
荒漠与裸露地	48.67	0.43
水域（覆盖）	13.10	0.12
合计	11378.57	100.00

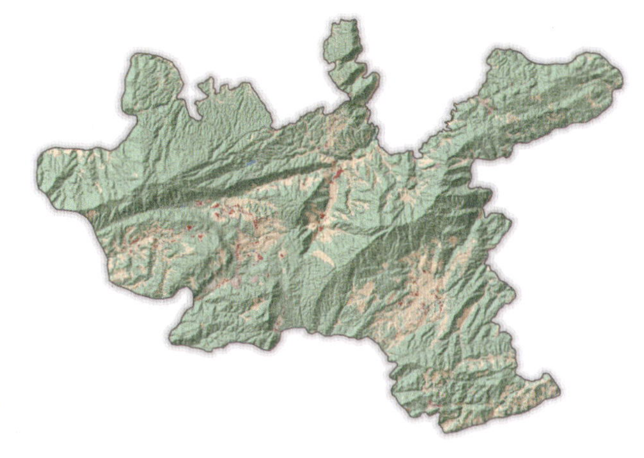

图 3.4.3　地表覆盖分布图

3.4.2　地形

1. 高程信息

将保护区范围内高程划分为 3 级。保护区总面积 11378.57 公顷，其中 64.40% 的面积高程集中在 1500 ～ 2000 米，1500 米以下面积仅占 0.73%，2000 米以上面积占 34.87%。保护区高程分级的面积及占比如表 3.4.2 所示，高程分级分布如图 3.4.4 所示。

表 3.4.2　高程分级面积及占比统计表

高程分级 / 米	面积 / 公顷	占比 /%
1200 ～ 1500	83.28	0.73
1500 ～ 2000	7328.26	64.40
2000 ～ 2500	3967.03	34.87
合计	11378.57	100.00

2. 坡度信息

将保护区范围内坡度分为 10 级。保护区内多山地，地面起伏大，坡度在 15° 以上的面积为 9434.85 公顷，占保护区总面积的 82.92%。保护区范围内的平地面积很少，坡度在 15° 以下的面积总和仅有 1943.72 公顷，占比仅为

17.08%。保护区坡度分级面积及占比如表3.4.3所示，坡度分级分布如图3.4.5所示。

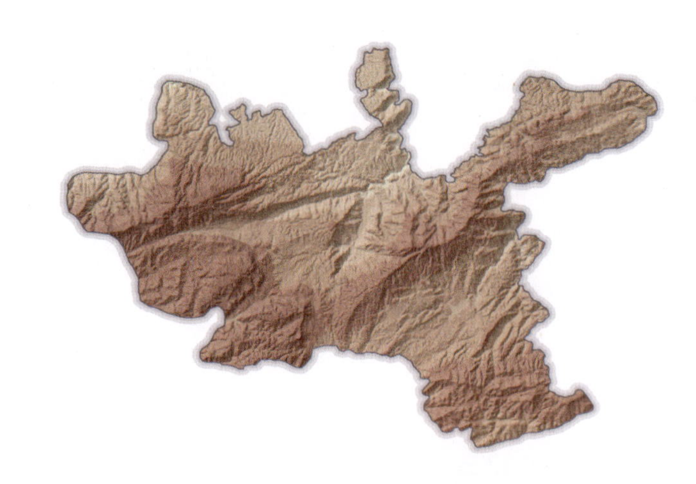

高程分级/米
- 1300～1500
- 1500～1700
- 1700～1900
- 1900～2100
- 2100～2500

图3.4.4　高程分级分布图

表3.4.3　坡度分级面积及占比统计表

坡度分级	面积/公顷	占比/%
0°～2°	17.77	0.15
2°～3°	15.64	0.14
3°～5°	73.68	0.65
5°～6°	69.36	0.61
6°～8°	213.76	1.88
8°～10°	324.11	2.85
10°～15°	1229.40	10.80
15°～25°	3541.91	31.13
25°～35°	3573.62	31.41
≥35°	2319.32	20.38
合计	11378.57	100.00

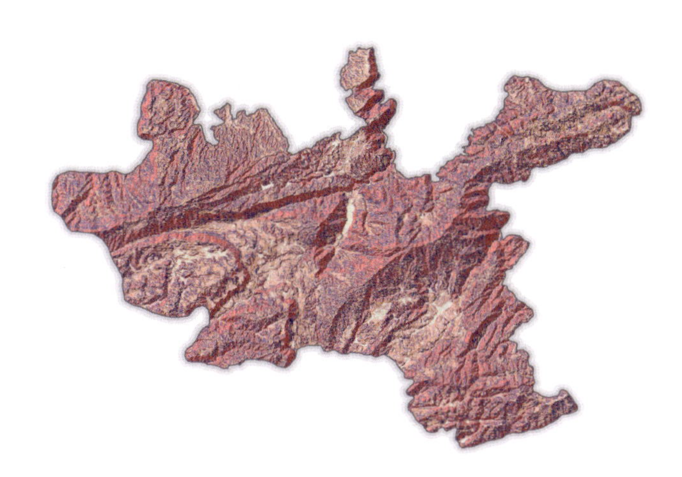

图 3.4.5　坡度分级分布图

3.4.3　植被

保护区植被覆盖面积为 11101.85 公顷，占保护区总面积的 97.57%。植被覆盖包括种植土地、林草覆盖两个大类，分别占保护区总面积的 13.10% 和 84.47%。其中种植土地包含了耕地与园地，分布在区内地势平坦的地区，主要为原住居民生产生活的区域，占比为 13.43%。植被面积、占比和构成比的统计如表 3.4.4 所示。

表 3.4.4　植被统计表

功 能 分 区	植被覆盖类型	面积 / 公顷	占比 /%	构成比 /%
核心区	种植土地	320.20	7.03	7.09
	林草覆盖	4193.66	92.01	92.91
	合计	4513.86	99.04	100.00
缓冲区	种植土地	269.29	11.76	12.11
	林草覆盖	1955.09	85.40	87.89
	合计	2224.38	97.16	100
实验区	种植土地	901.21	19.89	20.65
	林草覆盖	3462.40	76.40	79.35
	合计	4363.61	96.29	100.00
保护区全域	种植土地	1490.70	13.10	13.43
	林草覆盖	9611.15	84.47	86.57
	合计	11101.85	97.57	100.00

表3.4.5统计的是保护区内2017—2019年三个年度的植被变化监测情况。从表中可以看出，种植土地2018年度较2017年度增加了1.19公顷，2019年度较2018年度减少了1.89公顷，总体上种植土地面积呈减少趋势；林草覆盖2018年度较2017年度减少了2.64公顷，2019年度较2018年度减少了6.86公顷，总体上呈减少趋势。

表3.4.5 植被变化监测统计表

地表覆盖类别	监测年度	面积/公顷	较上年度变化/公顷
种植土地	2017年	1491.40	—
	2018年	1492.59	1.19
	2019年	1490.70	–1.89
林草覆盖	2017年	9620.65	—
	2018年	9618.01	–2.64
	2019年	9611.15	–6.86

3.4.4 水域

1. 水域（覆盖）

保护区内水域覆盖总面积13.10公顷，其中实验区水域面积12.01公顷，占整个保护区地表水面积的91.68%。从空间分布上，保护区内绝大部分区域没有地表水，水域主要分布在地势较低、较平坦的区域，与保护区地形起伏大的现状相符。核心区水域覆盖面积占核心区总面积的0.01%，缓冲区水域覆盖面积占缓冲区总面积的0.02%，实验区水域覆盖面积占实验区总面积的0.27%。水域（覆盖）统计如表3.4.6所示，水域分布如图3.4.6所示。

表3.4.6 水域（覆盖）统计表

功能分区	面积/公顷	占比/%
核心区	0.57	0.01
缓冲区	0.52	0.02
实验区	12.01	0.27
保护区全域	13.10	0.12

表3.4.7统计的是保护区内2017—2019年三个年度的水域（覆盖）变化监测情况，2018年度监测结果较2017年度增加了0.11公顷，2019年度较2018年度大幅增加了1.61公顷。总体上，水域（覆盖）面积呈增加趋势。

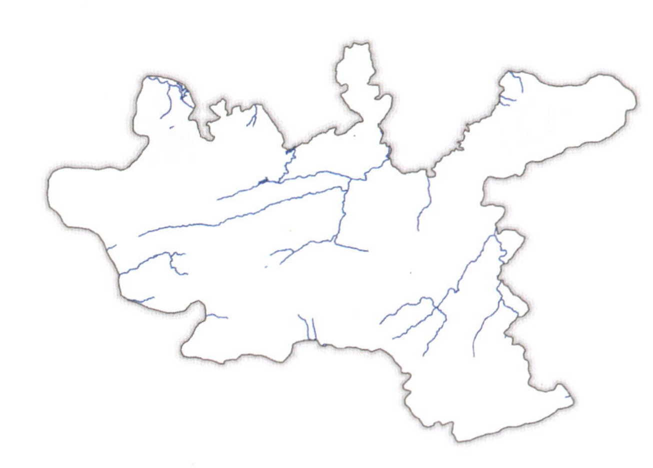

图 3.4.6　水域分布图

表 3.4.7　水域（覆盖）变化监测统计表

地表覆盖类别	监 测 年 度	面积 / 公顷	较上年度变化 / 公顷
水域（覆盖）	2017 年	11.38	—
	2018 年	11.49	0.11
	2019 年	13.10	1.61

2. 水体

对保护区内的水体分类型统计结果显示，水库面积为 25.68 公顷，坑塘面积为 1.24 公顷，没有湖泊；保护区范围内河渠线长度 80.26 千米，其中，河流长度 77.87 千米，水渠长度 2.38 千米，按照监测指标体系，没有符合监测指标面积的河流和水渠面。水体统计如表 3.4.8 所示。

表 3.4.8　水体统计表

水 体 类 型	子　类　型	长度 / 千米	面积 / 公顷
河渠	河流	77.87	—
	水渠	2.38	—
湖泊	湖泊	—	—
库塘	水库	—	25.68
	坑塘	—	1.24

3.4.5　荒漠与裸露地

保护区内荒漠与裸露地覆盖面积为 48.67 公顷，在保护区内零星分布，合计面积占保护区总面积的 0.43%。

保护区内按功能分区统计的荒漠与裸露地面积及占比如表 3.4.9 所示。

表 3.4.9 荒漠与裸露地统计表

功 能 分 区	面积 / 公顷	占比 /%
核心区	2.43	0.05
缓冲区	31.66	1.38
实验区	14.58	0.32
保护区全域	48.67	0.43

表 3.4.10 是保护区内 2017—2019 年三个年度的荒漠与裸露地变化监测统计表，可以看出，2018 年度监测结果与 2017 年度相比未发生变化，2019 年度较 2018 年度减少了 0.02 公顷。

表 3.4.10 荒漠与裸露地变化监测统计表

地表覆盖类别	监 测 年 度	面积 / 公顷	较上年度变化 / 公顷
荒漠与裸露地	2017 年	48.69	—
	2018 年	48.69	0.00
	2019 年	48.67	–0.02

3.4.6 人工堆掘地

保护区内的人工堆掘地有露天采掘场、堆放物、建筑工地、其他人工堆掘地四个类型，合计面积 34.58 公顷，占保护区总面积的 0.30%。其中，露天采掘场占保护区总面积的 0.22%，堆放物占保护区总面积的 0.01%，建筑工地占保护区总面积的 0.03%，其他人工堆掘地占保护区总面积的 0.04%。

保护区内按功能分区统计的人工堆掘地面积及占比如表 3.4.11 所示。

表 3.4.11 人工堆掘地统计表

功 能 分 区	面积 / 公顷	占比 /%
核心区	15.00	0.33
缓冲区	12.19	0.53
实验区	7.39	0.16
保护区全域	34.58	0.30

表 3.4.12 是保护区内 2017—2019 年三个年度的人工堆掘地变化监测统计

表，可以看出，2018 年度监测结果较 2017 年度减少了 0.03 公顷，2019 年度较 2018 年度增加了 1.60 公顷，整体呈增加趋势。

表 3.4.12　人工堆掘地变化监测统计表

地表覆盖类别	监 测 年 度	面积 / 公顷	较上年度变化 / 公顷
人工堆掘地	2017 年	33.01	—
	2018 年	32.98	–0.03
	2019 年	34.58	1.60

3.4.7　交通网络

1. 交通里程

按道路等级和类型，对保护区内的道路里程进行统计。

公路按道路国标统计共计 31.18 千米，其中，省道长 11.87 千米，县道长 8.71 千米，乡道长 10.60 千米；按道路技术等级统计，三级公路长 11.87 千米，四级公路长 12.82 千米，等外公路长 6.49 千米。

保护区内乡村道路总里程 120.40 千米，没有铁路和城市道路。道路分布具体位置如图 3.4.7 所示。

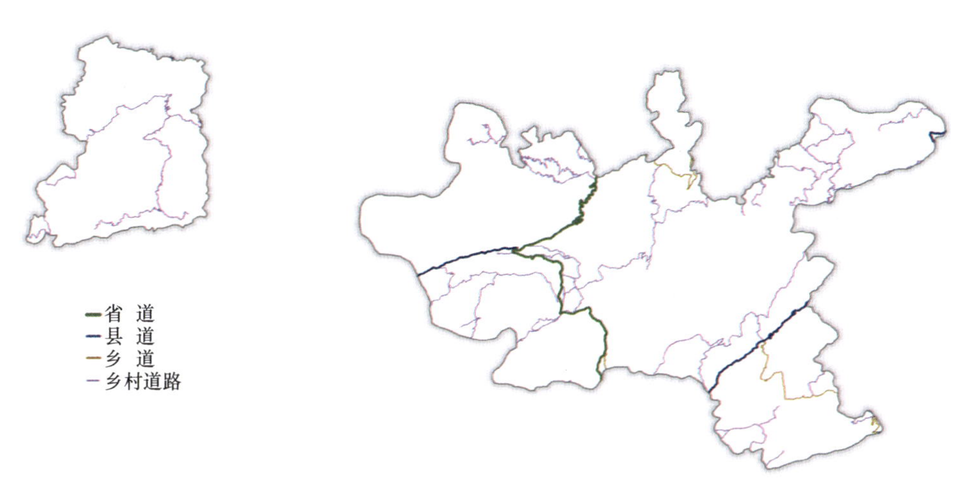

图 3.4.7　道路分布图

表 3.4.13 是保护区内各类型道路里程变化监测统计表，因监测时间段内，保护区内道路进行了公路改扩建工程和“组组通”道路工程，故公路里程增加了 19.17 千米，乡村道路里程增加了 16.37 千米。

表 3.4.13　各类型道路里程变化监测统计表

监测年度	铁路里程 / 千米	公路里程 / 千米	城市道路里程 / 千米	乡村道路里程 / 千米
2017 年	—	12.01	—	104.03
2018 年	—	12.01	—	104.03
2019 年	—	31.18	—	120.40

2. 道路面积

保护区道路面积（含公路、乡村道路）共 97.92 公顷，面积仅占保护区总面积的 0.86%。按占比统计，核心区道路面积占核心区总面积的 0.52%，缓冲区道路面积占缓冲区总面积的 0.80%，实验区道路面积占实验区总面积的 1.24%。道路面积统计如表 3.4.14 所示。

表 3.4.14　道路面积统计表

功能分区	面积 / 公顷	占比 /%
核心区	23.72	0.52
缓冲区	18.21	0.80
实验区	55.99	1.24
保护区全域	97.92	0.86

表 3.4.15 是保护区内 2017—2019 年三个年度道路面积变化监测统计表。从表中可以看出，2018 年度道路面积较 2017 年度增加了 0.01 公顷，2019 年度道路面积较 2018 年度增加了 3.59 公顷，整体呈现增加趋势。

表 3.4.15　道路面积变化监测统计表

地表覆盖类别	监测年度	面积 / 公顷	较上年度变化 / 公顷
路面	2017 年	94.32	—
	2018 年	94.33	0.01
	2019 年	97.92	3.59

3.4.8　居民地与设施

1. 房屋建筑区

保护区范围内房屋建筑总面积 70.20 公顷，面积占保护区总面积的 0.62%，其中，低矮房屋建筑区占房屋建筑总面积的 75.82%，低矮独立房屋建筑占房屋建筑总面积的 24.08%。按占比统计，实验区房屋建筑区面积占实验区总面积的

1.47%，核心区房屋建筑区面积占核心区总面积的 0.03%，缓冲区房屋建筑区面积占缓冲区总面积的 0.09%。

保护区内按功能分区统计的房屋建筑区面积及占比如表 3.4.16 所示。

表 3.4.16　房屋建筑区统计表

功 能 分 区	面积 / 公顷	占比 /%
核心区	1.35	0.03
缓冲区	2.06	0.09
实验区	66.79	1.47
保护区全域	70.20	0.62

表 3.4.17 是保护区内 2017—2019 年三个年度的房屋建筑区变化监测统计表。可以看出，保护区内的房屋建筑区变化趋势为持续增加，2018 年度监测面积较 2017 年度增加了 1.71 公顷，2019 年度监测面积较 2018 年度增加了 0.58 公顷。

保护区内房屋建筑区分布及变化情况如图 3.4.8 所示。

表 3.4.17　房屋建筑区变化监测统计表

地表覆盖类别	监 测 年 度	面积 / 公顷	较上年度变化 / 公顷
房屋建筑区	2017 年	67.91	—
	2018 年	69.62	1.71
	2019 年	70.20	0.58

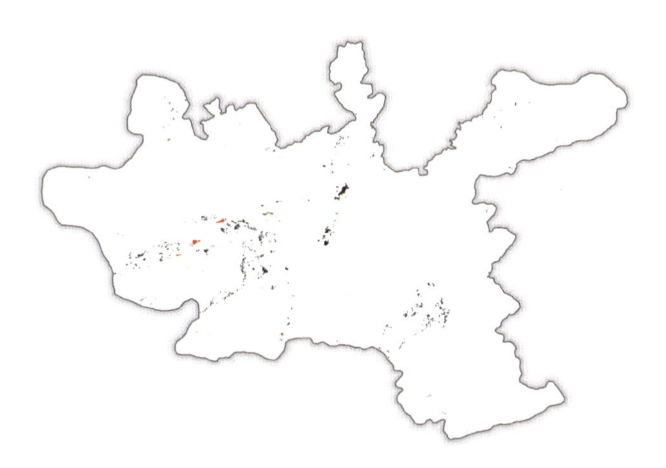

图 3.4.8　房屋建筑区分布及变化图

2. 构筑物

保护区内构筑物总面积 12.25 公顷，分别有硬化地表 8.15 公顷、温室大棚 3.30 公顷、固化池 0.23 公顷、工业设施 0.57 公顷。保护区内 92.24% 的构筑物集中在实验区。

保护区内按功能分区统计的构筑物面积及占比如表 3.4.18 所示。

表 3.4.18　构筑物统计表

功 能 分 区	面积 / 公顷	占比 /%
核心区	0.76	0.02
缓冲区	0.19	0.01
实验区	11.30	0.25
保护区全域	12.25	0.11

表 3.4.19 是保护区内 2017—2019 年三个年度的构筑物变化监测统计表。从表中可以看出，构筑物总体呈增加趋势，其中，构筑物 2018 年度较 2017 年度减少了 0.35 公顷，2019 年度较 2018 年度增加了 1.40 公顷。

表 3.4.19　构筑物变化监测统计表

地表覆盖类别	监 测 年 度	面积 / 公顷	较上年度变化 / 公顷
构筑物	2017 年	11.20	—
	2018 年	10.85	–0.35
	2019 年	12.25	1.40

3.5 贵州印江洋溪省级自然保护区

3.5.1　保护区概况

贵州印江洋溪省级自然保护区始建于 2000 年 2 月，2016 年 6 月经贵州省人民政府批准晋升为省级自然保护区，主要以保护中亚热带常绿阔叶林、常绿落叶阔叶林森林生态系统和珍稀濒危野生动植物及其栖息地为宗旨，是集生物多样性保护、生物廊道、水源地保护、生态旅游、科学研究、科普宣教、教学实习等功能于一体的省级自然保护区。

保护区地处印江自治县东部，南北长度为 35.45 千米，东西长度为 15.28 千米。总面积为 21839.82 公顷，核心区面积 8104.04 公顷，占总面积的 37.11%；实验区面积 8791.29 公顷，占总面积的 40.25%；缓冲区面积 4944.49 公顷，占总面积的 22.64%。保护区功能分区示意图如图 3.5.1 所示。

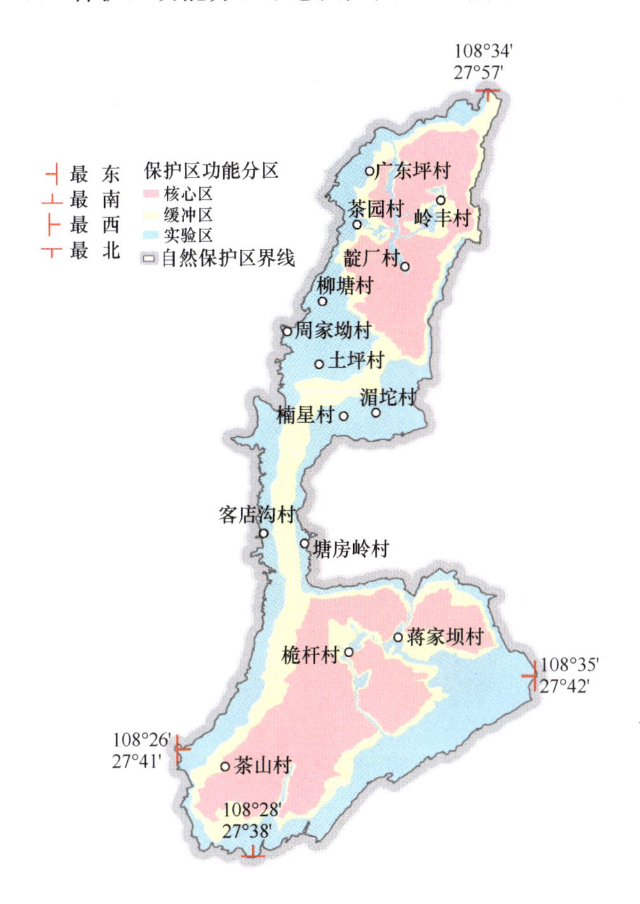

图 3.5.1　保护区功能分区示意图

保护区卫星影像图是利用高分一号卫星影像制作的，时相为 2020 年 4 月，如图 3.5.2 所示。

保护区范围内分布有种植土地、林草覆盖、房屋建筑区、铁路与道路、构筑物、人工堆掘地、荒漠与裸露地、水域（覆盖）8 个一级类。种植土地覆盖面积 3501.63 公顷，占总面积的 16.03%；林草覆盖面积 17953.05 公顷，占总面积的 82.20%；房屋建筑区、铁路与道路、构筑物、人工堆掘地、荒漠与裸露地、水域的覆盖面积较小，占总面积的比均不足 1%。保护区的地表覆盖面积及占比如表 3.5.1 所示，地表覆盖分布如图 3.5.3 所示。

图 3.5.2 保护区卫星影像图

表 3.5.1 地表覆盖统计表

地表覆盖类别	面积 / 公顷	占比 /%
种植土地	3501.63	16.03
林草覆盖	17953.05	82.20
房屋建筑区	136.76	0.63
铁路与道路	170.54	0.78
构筑物	9.75	0.05
人工堆掘地	26.68	0.12
荒漠与裸露地	6.61	0.03
水域（覆盖）	34.80	0.16
合计	21839.82	100.00

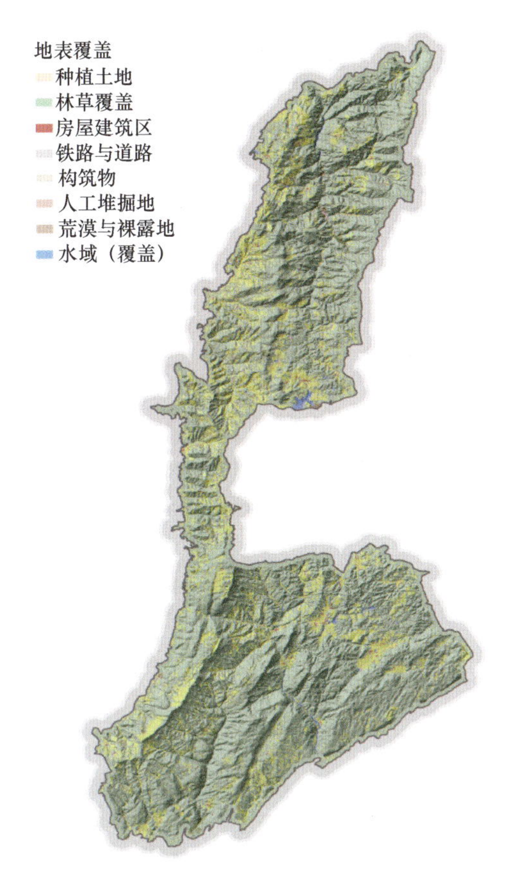

图 3.5.3　地表覆盖分布图

3.5.2　地形

1. 高程信息

将保护区范围内高程划分为 5 级，保护区高程 1000 米以下面积为 10936.94 公顷，占总面积的 50.08%；高程 1000 ～ 1500 米面积为 10879.80 公顷，占总面积的 49.82%。保护区高程分级的面积及占比如表 3.5.2 所示，高程分级分布如图 3.5.4 所示。

表 3.5.2　高程分级面积及占比统计表

高程分级 / 米	面积 / 公顷	占比 /%
500 ～ 800	1550.57	7.10
800 ～ 1000	9386.37	42.98
1000 ～ 1200	8999.13	41.21

（续表）

高程分级 / 米	面积 / 公顷	占比 /%
1200 ～ 1500	1880.67	8.61
1500 ～ 2000	23.08	0.10
合计	21839.82	100.00

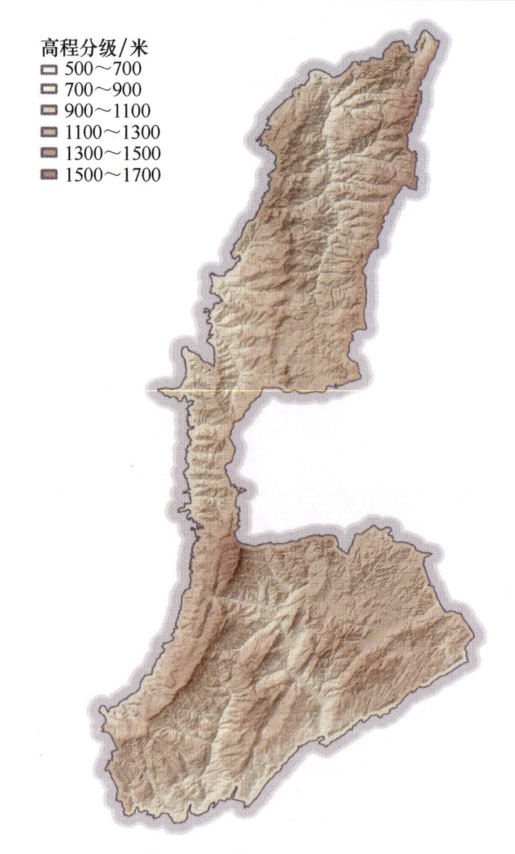

图 3.5.4　高程分级分布图

2. 坡度信息

整个保护区范围内，坡度在 10° ～ 35° 的面积占总面积的 76.64%。保护区范围内的平地面积较少，坡度在 10° 以下的面积仅占总面积的 8.54%。保护区坡度分级面积及占比如表 3.5.3 所示，坡度分级分布如图 3.5.5 所示。

表 3.5.3　坡度分级面积及占比统计表

坡 度 分 级	面积 / 公顷	占比 /%
0° ～ 2°	102.10	0.47
2° ～ 3°	82.07	0.37

（续表）

坡度分级	面积 / 公顷	占比 /%
3° ～ 5°	246.07	1.13
5° ～ 6°	196.02	0.90
6° ～ 8°	516.78	2.37
8° ～ 10°	721.89	3.30
10° ～ 15°	2707.18	12.40
15° ～ 25°	7757.83	35.52
25° ～ 35°	6273.36	28.72
≥ 35°	3236.52	14.82
合计	21839.82	100.00

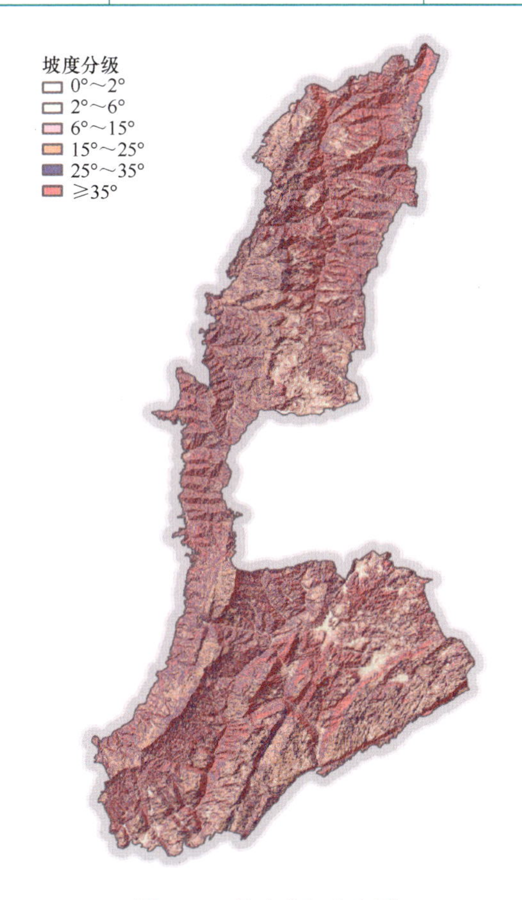

图 3.5.5　坡度分级分布图

3.5.3 植被

保护区植被覆盖面积为21454.68公顷，占保护区总面积的98.23%。植被覆盖包括种植土地、林草覆盖两个大类，分别占保护区总面积的16.03%和82.20%。其中种植土地主要为水田与旱地，其余主要为原住居民生产生活的区域和道路的区域。植被面积、占比和构成比的统计如表3.5.4所示。

表 3.5.4 植被统计表

功能分区	植被覆盖类型	面积 / 公顷	占比 /%	构成比 /%
核心区	种植土地	649.85	8.02	8.08
	林草覆盖	7388.13	91.17	91.92
	合计	8037.98	99.19	100.00
缓冲区	种植土地	964.07	19.50	19.78
	林草覆盖	3909.67	79.07	80.22
	合计	4873.74	98.57	100.00
实验区	种植土地	1887.71	21.47	22.10
	林草覆盖	6655.25	75.70	77.90
	合计	8542.96	97.17	100.00
保护区全域	种植土地	3501.63	16.03	16.32
	林草覆盖	17953.05	82.20	83.68
	合计	21454.68	98.23	100.00

表3.5.5统计的是2017—2019年三个年度的植被变化监测情况。从表中可以看出，种植土地2018年度较2017年度减少了5.07公顷，2019年度较2018年度又减少了1.61公顷，总体上种植土地面积呈现减少趋势；林草覆盖2018年度较2017年度减少了4.63公顷，2019年度较2018年度又减少了17.99公顷，总体上林草覆盖面积呈减少趋势。

表 3.5.5 植被变化监测统计表

地表覆盖类别	监测年度	面积 / 公顷	较上年度变化 / 公顷
种植土地	2017年	3508.31	—
	2018年	3503.24	–5.07
	2019年	3501.63	–1.61
林草覆盖	2017年	17975.67	—
	2018年	17971.04	–4.63
	2019年	17953.05	–17.99

3.5.4　水域

1. 水域（覆盖）

保护区水域（覆盖）总面积 34.80 公顷。从空间分布上，保护区内绝大部分地表水集中在实验区，面积为 29.01 公顷。按占比统计，核心区水域（覆盖）面积占核心区总面积的 0.02%，缓冲区水域（覆盖）面积占缓冲区总面积的 0.08%，实验区水域（覆盖）面积占实验区总面积的 0.33%。水域（覆盖）面积及占比如表 3.5.6 所示，水域分布如图 3.5.6 所示。

表 3.5.6　水域（覆盖）统计表

功 能 分 区	面积 / 公顷	占比 /%
核心区	1.85	0.02
缓冲区	3.94	0.08
实验区	29.01	0.33
保护区全域	34.80	0.16

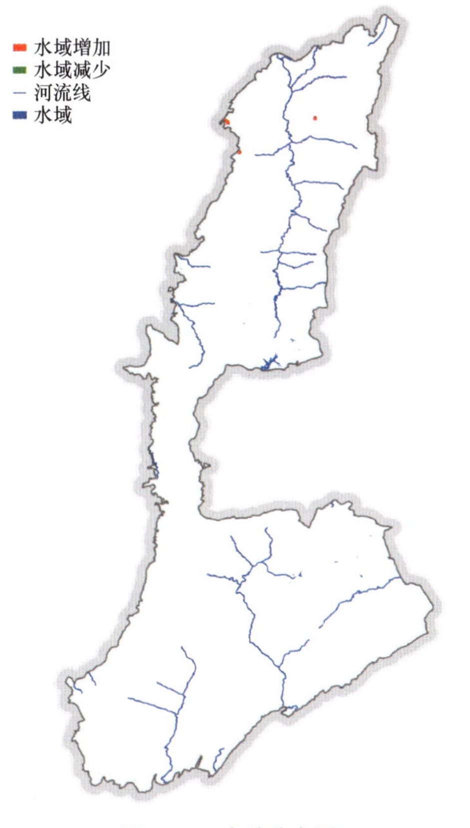

图 3.5.6　水域分布图

表 3.5.7 统计的是保护区内 2017—2019 年三个年度的水域（覆盖）变化监测情况，2018 年度监测结果与 2017 年度相比没有变化，2019 年度监测结果较 2018 年度增加了 0.96 公顷。

表 3.5.7 水域（覆盖）变化监测统计表

地表覆盖类别	监 测 年 度	面积 / 公顷	较上年度变化 / 公顷
水域（覆盖）	2017 年	33.84	—
	2018 年	33.84	0.00
	2019 年	34.80	0.96

2. 水体

对保护区内的水体分类型统计结果显示，在不同水体类型中，河流总长度达 85.91 千米，河流和水渠宽度均没有达到构面标准。其他水体类型中，水库面积最大，占水体总面积的 91.69%，其他类型水体面积占比较小。水体统计如表 3.5.8 所示。

表 3.5.8 水体统计表

水 体 类 型	子 类 型	长度 / 千米	面积 / 公顷
河渠	河流	85.91	—
	水渠	—	—
湖泊	湖泊	—	0.65
库塘	水库	—	31.79
	坑塘	—	2.23

3.5.5 荒漠与裸露地

保护区内的荒漠与裸露地在保护区内零星分布，占比不大，合计占保护区总面积的 0.03%，且全部为泥土地表和岩石地表。

保护区内按功能分区统计的荒漠与裸露地面积及占比如表 3.5.9 所示。

表 3.5.9 荒漠与裸露地统计表

功 能 分 区	面积 / 公顷	占比 /%
核心区	—	—
缓冲区	0.55	0.01
实验区	6.06	0.07
保护区全域	6.61	0.03

表 3.5.10 是保护区内 2017—2019 年三个年度的荒漠与裸露地变化监测统计表，可以看出，2018 年度监测结果与 2017 年度相比无变化，2019 年度较 2018 年度减少了 0.11 公顷。

表 3.5.10　荒漠与裸露地变化监测统计表

地表覆盖类别	监 测 年 度	面积 / 公顷	较上年度变化 / 公顷
荒漠与裸露地	2017 年	6.72	—
	2018 年	6.72	0.00
	2019 年	6.61	–0.11

3.5.6　人工堆掘地

保护区内的人工堆掘地主要为建筑工地和露天采石场，合计面积占保护区总面积的 0.12%。

保护区内按功能分区统计的人工堆掘地面积及占比如表 3.5.11 所示。

表 3.5.11　人工堆掘地统计表

功 能 分 区	面积 / 公顷	占比 /%
核心区	5.61	0.07
缓冲区	4.17	0.08
实验区	16.90	0.19
保护区全域	26.68	0.12

表 3.5.12 是保护区 2017—2019 年三个年度的人工堆掘地变化监测统计表，可以看出，2018 年度和 2019 年度监测结果分别较上年度增加了 0.82 公顷和 0.23 公顷，总体呈增加趋势。

表 3.5.12　人工堆掘地变化监测统计表

地表覆盖类别	监 测 年 度	面积 / 公顷	较上年度变化 / 公顷
人工堆掘地	2017 年	25.63	—
	2018 年	26.45	0.82
	2019 年	26.68	0.23

3.5.7　交通网络

1. 交通里程

按道路等级和类型，对保护区内的道路里程进行统计。

公路按道路国标统计共计 120.47 千米，其中国道里程 10.19 千米，为杭州—瑞丽高速公路（G56），技术等级为高速；省道有印江—闵孝公路（S508）、大龙—瑘川公路（S305）两条，统计里程 26.63 千米；县道有洋溪—德旺公路（X628）、缠溪—杨柳公路（X644）、缠溪—茶园公路（X701），总里程 14.78 千米；有 13 条乡道分布在保护区内，统计里程 68.87 千米。

保护区内乡村道路总里程 302.88 千米，包含农村硬化道路和机耕路，二者长度分别为 129.44 千米和 173.44 千米。

按道路技术等级统计，高速公路长 10.19 千米，三级公路长 10.87 千米，四级公路长 92.82 千米，等外公路长 6.59 千米。

道路分布如图 3.5.7 所示。

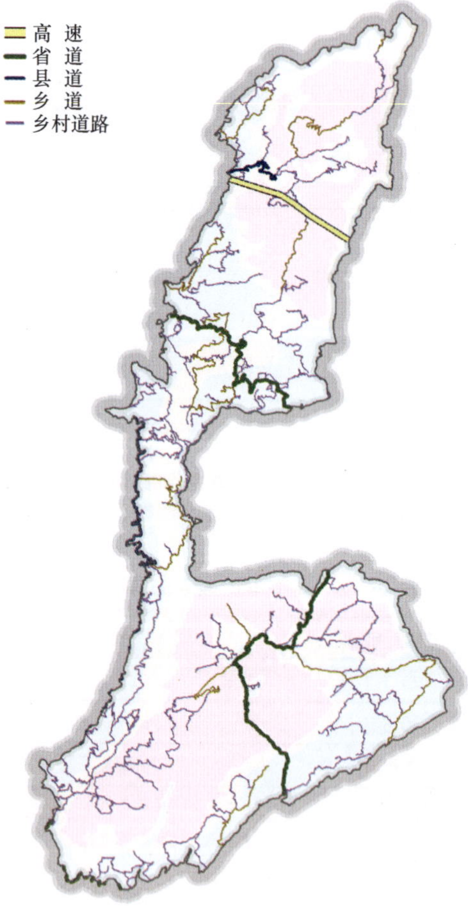

图 3.5.7　道路分布图

表 3.5.13 是保护区内各类型道路里程变化监测统计表。因监测时间段内，贵州省实施了“组组通”道路工程，故保护区内乡村道路有所增加。同时，在监测时间段内，既有乡村道路改扩建为公路，包括大和平—廖家山公路（Y119）、缠溪—茶园公路（X701）、罗场—广东坪公路（Y062）、道班—新苗公路（Y024）、冷水—靛场公路（Y115）、块头溪—柳塘公路（Y067）、分水岭—塘房岭公路（Y016）、桅杆—雷家沟公路（Y111）、半沟桥—高坎子公路（Y112）、大龙—瑯川公路（S305）、蒋家坝—良家田公路（Y021）、申家—关山公路（Y109）等多条公路，公路里程增加明显。

表 3.5.13　各类型道路里程变化监测统计表

监 测 年 度	铁路里程 / 千米	公路里程 / 千米	城市道路里程 / 千米	乡村道路里程 / 千米
2017 年	—	38.11	—	280.93
2018 年	—	52.63	—	292.93
2019 年	—	120.47	—	302.88

2．道路面积

保护区道路面积（含公路、乡村道路）共 170.54 公顷，面积仅占整个保护区总面积的 0.78%。按占比统计，核心区道路面积占核心区总面积的 0.44%，缓冲区道路面积占缓冲区总面积的 0.70%，实验区道路面积占实验区总面积的 1.14%。道路面积统计如表 3.5.14 所示。

表 3.5.14　道路面积统计表

功 能 分 区	面积 / 公顷	占比 /%
核心区	35.58	0.44
缓冲区	34.61	0.70
实验区	100.35	1.14
保护区全域	170.54	0.78

表 3.5.15 是保护区内 2017—2019 年三个年度道路面积变化监测统计表。从表中可以看出，保护区内新修建了部分公路，2018 年度道路面积较 2017 年度增加了 6.43 公顷，2019 年度道路面积较 2018 年度增加了 15.4 公顷，总体上呈现增加趋势。

表 3.5.15 道路面积变化监测统计表

地表覆盖类别	监测年度	面积 / 公顷	较上年度变化 / 公顷
路面	2017 年	148.71	—
	2018 年	155.14	6.43
	2019 年	170.54	15.40

3.5.8 居民地与设施

1. 房屋建筑区

保护区房屋建筑区总面积 136.76 公顷，面积占保护区总面积的 0.63%。保护区内的建筑区均为低矮房屋建筑区。按占比统计，核心区房屋建筑区面积占核心区总面积的 0.27%，缓冲区房屋建筑区面积占缓冲区总面积的 0.50%，实验区房屋建筑区面积占实验区总面积的 1.02%。

保护区内按功能分区统计的房屋建筑区面积及占比如表 3.5.16 所示。

表 3.5.16 房屋建筑区统计表

功能分区	面积 / 公顷	占比 /%
核心区	22.20	0.27
缓冲区	24.75	0.50
实验区	89.81	1.02
保护区全域	136.76	0.63

表 3.5.17 是保护区内房屋建筑区变化监测统计表，从表中可以看出，保护区内的房屋建筑区总体变化趋势为略有增加。房屋建筑区分布及变化情况如图 3.5.8 所示。

表 3.5.17 房屋建筑区变化监测统计表

地表覆盖类别	监测年度	面积 / 公顷	较上年度变化 / 公顷
房屋建筑区	2017 年	132.82	—
	2018 年	134.60	1.78
	2019 年	136.76	2.16

2. 构筑物

保护区内构筑物总面积 9.75 公顷，其中，包括其他硬化地表、场院等在内的硬化地表 7.94 公顷，温室大棚 0.75 公顷，水工设施 0.28 公顷，固化池 0.20 公顷，工业设施 0.58 公顷。

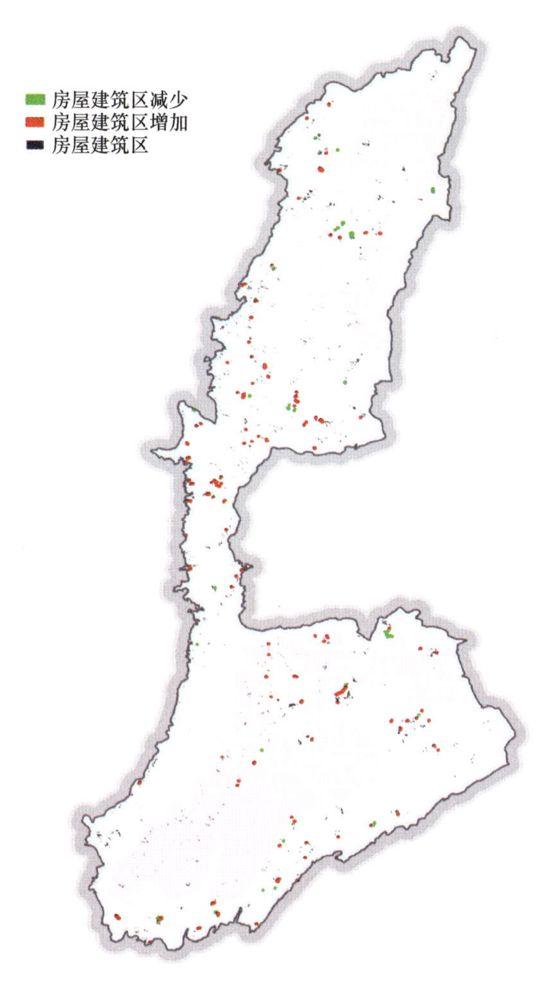

图 3.5.8　房屋建筑区分布及变化图

保护区内按功能分区统计的构筑物面积及占比如表 3.5.18 所示。

表 3.5.18　构筑物统计表

功 能 分 区	面积 / 公顷	占比 /%
核心区	0.80	0.01
缓冲区	2.74	0.06
实验区	6.21	0.07
保护区全域	9.75	0.05

表 3.5.19 是保护区内 2017—2019 年三个年度的构筑物变化监测统计表，从

表中可以看出，构筑物总体是增加的。

表 3.5.19 构筑物变化监测统计表

地表覆盖类别	监 测 年 度	面积 / 公顷	较上年度变化 / 公顷
构筑物	2017 年	8.14	—
	2018 年	8.80	0.66
	2019 年	9.75	0.95

3.6 贵州湄潭百面水省级自然保护区

3.6.1 保护区概况

贵州湄潭百面水省级自然保护区，主要保护以黄杉为优势的森林群落及生境、中亚热带喀斯特山地森林生态系统、珍稀濒危动植物种群及其自然生境；以及具有世界代表性的喀斯特天生桥群和受喀斯特地貌侵蚀形成的奇特水文景观。保护区内有多种国家级、省级保护区野生动植物物种。保护区位于贵州省遵义市湄潭县南部，东与余庆县相接，西南与瓮安县接壤，地跨湄潭县高台镇、新南镇、茅坪镇、石莲镇四个乡镇。保护区总面积 19146.36 公顷，其中，核心区 6886.32 公顷，占总面积的 35.97%；缓冲区 4665.36 公顷，占总面积的 24.37%；实验区 7594.68 公顷，占总面积的 39.66%。地势自西向东倾斜，南北两端突起，山高坡陡，切割较深，相对高差多为 400 米。最高海拔 1501 米，最低为 450 米。保护区功能分区示意图如图 3.6.1 所示。

保护区卫星影像图是利用高分一号卫星影像制作的，时相为 2020 年 2 月，如图 3.6.2 所示。

保护区范围内分布有种植土地、林草覆盖、房屋建筑区、铁路与道路、构筑物、人工堆掘地、荒漠与裸露地、水域（覆盖）8 个一级类。种植土地覆盖面积 4295.11 公顷，占总面积的 22.43%；林草覆盖面积 14329.40 公顷，占总面积的 74.84%；房屋建筑区覆盖面积 207.66 公顷，占总面积的 1.09%；铁路与道路覆盖面积 132.78 公顷，占总面积的 0.69%；构筑物覆盖面积 12.74 公顷，占总面积的 0.07%；人工堆掘地覆盖面积 27.28 公顷，占总面积的 0.15%；荒漠与裸露地面积 17.93 公顷，占总面积的 0.09%；水域（覆盖）面积 123.46 公顷，占总面积的 0.64%。保护区的地表覆盖面积及占比如表 3.6.1 所示，地表覆盖分布如图 3.6.3 所示。

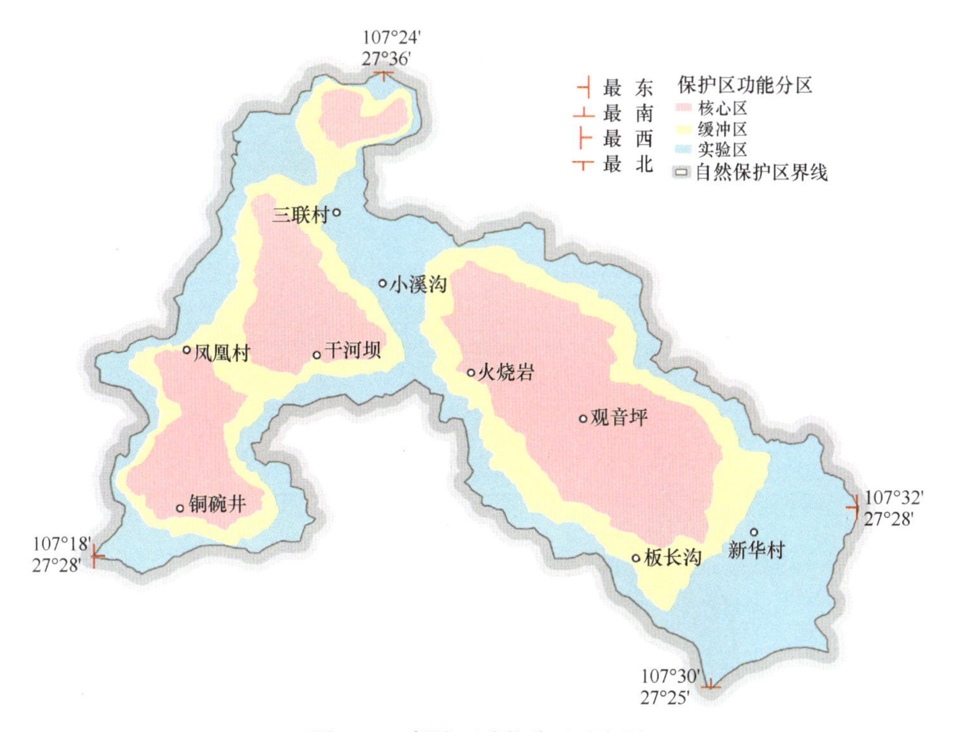

图 3.6.1 保护区功能分区示意图

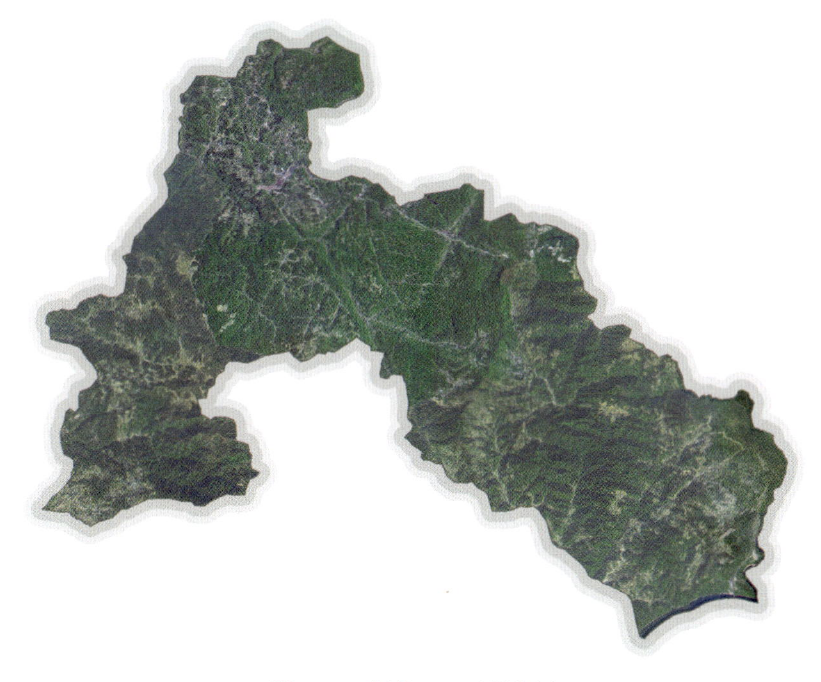

图 3.6.2 保护区卫星影像图

表 3.6.1　地表覆盖统计表

地表覆盖类别	面积 / 公顷	占比 /%
种植土地	4295.11	22.43
林草覆盖	14329.40	74.84
房屋建筑区	207.66	1.09
铁路与道路	132.78	0.69
构筑物	12.74	0.07
人工堆掘地	27.28	0.14
荒漠与裸露地	17.93	0.09
水域（覆盖）	123.46	0.65
合计	19146.36	100.00

图 3.6.3　地表覆盖分布图

3.6.2　地形

1. 高程信息

保护区地处黔北大娄山山脉中段东南侧，在地貌上为乌江干流及其支流湘江与泸塘河之间的分水岭高地，是湄潭县境地势最高的地区。保护区高程分为 5 级，分级面积及占比如表 3.6.2 所示，高程分级分布如图 3.6.4 所示。

表 3.6.2　高程分级面积及占比统计表

高程分级 / 米	面积 / 公顷	占比 /%
500 ～ 800	842.05	4.40
800 ～ 1000	5949.72	31.07
1000 ～ 1200	8151.98	42.58
1200 ～ 1500	4202.49	21.95
1500 ～ 2000	0.12	0.00
合计	19146.36	100.00

图 3.6.4　高程分级分布图

2．坡度信息

将保护区范围内坡度分为 10 级。整个保护区范围内，坡度在 15° 以上的面积为 15466.28 公顷，占总面积的 80.78%；坡度在 15° 以下的面积总和仅有

3680.08公顷，占总面积的19.22%。保护区坡度分级面积及占比如表3.6.3所示，坡度分级分布如图3.6.5所示。

表 3.6.3　不同坡度带面积及占比统计表

坡度分级	面积 / 公顷	占比 /%
0°～2°	119.29	0.62
2°～3°	45.58	0.24
3°～5°	175.04	0.91
5°～6°	147.02	0.77
6°～8°	422.21	2.21
8°～10°	620.99	3.24
10°～15°	2149.95	11.23
15°～25°	5894.45	30.79
25°～35°	5353.02	27.96
≥35°	4218.81	22.03
合计	19146.36	100.00

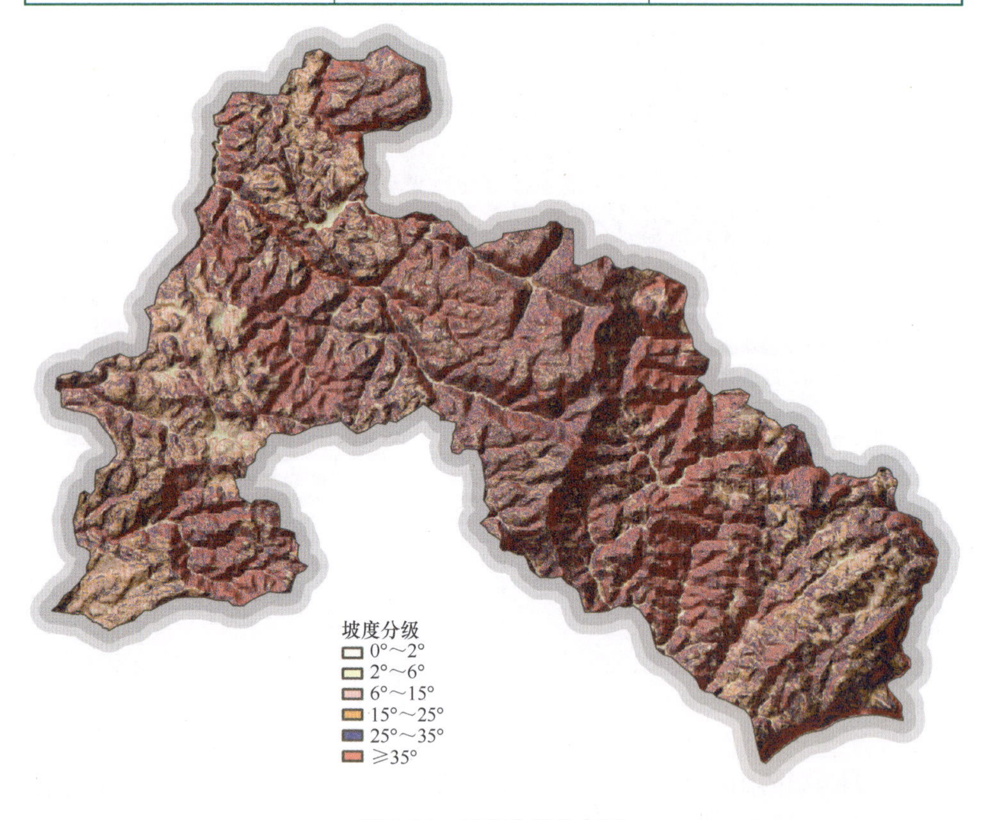

图 3.6.5　坡度分级分布图

3.6.3　植被

保护区植被覆盖面积为 18624.51 公顷，占保护区总面积的 97.27%。植被覆盖包括种植土地、林草覆盖两个大类，分别占保护区总面积的 22.43% 和 74.84%。因保护区地势起伏较大，所以林草分布广泛，种植土地较少。植被面积、占比和构成比的统计如表 3.6.4 所示。

表 3.6.4　植被统计表

功 能 分 区	植被覆盖类型	面积 / 公顷	占比 /%	构成比 /%
核心区	种植土地	1153.18	16.75	17.01
	林草覆盖	5627.87	81.73	82.99
	合计	6781.05	98.48	100.00
缓冲区	种植土地	1077.55	23.10	23.58
	林草覆盖	3492.91	74.87	76.42
	合计	4570.46	97.97	100.00
实验区	种植土地	2064.38	27.18	28.38
	林草覆盖	5208.62	68.58	71.62
	合计	7273.00	95.76	100.00
保护区全域	种植土地	4295.11	22.43	23.06
	林草覆盖	14329.40	74.84	76.94
	合计	18624.51	97.27	100.00

表 3.6.5 统计的是保护区内 2017—2019 年三个年度的植被变化监测情况。从表中可以看出，种植土地 2018 年度较 2017 年度减少了 5.82 公顷，2019 年度较 2018 年度又减少了 0.62 公顷，总体呈减少趋势；林草覆盖 2018 年度较 2017 年度减少了 7.46 公顷，2019 年度较 2018 年度增加了 3.80 公顷，变化比例不大。

表 3.6.5　植被变化监测统计表

地表覆盖类别	监 测 年 度	面积 / 公顷	较上年度变化 / 公顷
种植土地	2017 年	4301.55	—
	2018 年	4295.73	–5.82
	2019 年	4295.11	–0.62
林草覆盖	2017 年	14333.06	—
	2018 年	14325.60	–7.46
	2019 年	14329.40	3.80

3.6.4 水域

1. 水域（覆盖）

保护区水域（覆盖）总面积123.46公顷。从空间分布上，保护内绝大部分地表水集中在实验区。按占比统计，实验区水域（覆盖）面积占实验区总面积的1.35%，核心区水域（覆盖）面积占核心区总面积的0.20%，缓冲区水域（覆盖）面积占缓冲区总面积的0.15%。水域（覆盖）面积及占比如表3.6.6所示，水域分布如图3.6.6所示。

表3.6.6 水域（覆盖）统计表

功能分区	面积/公顷	占比/%
核心区	13.90	0.20
缓冲区	7.11	0.15
实验区	102.45	1.35
保护区全域	123.46	0.64

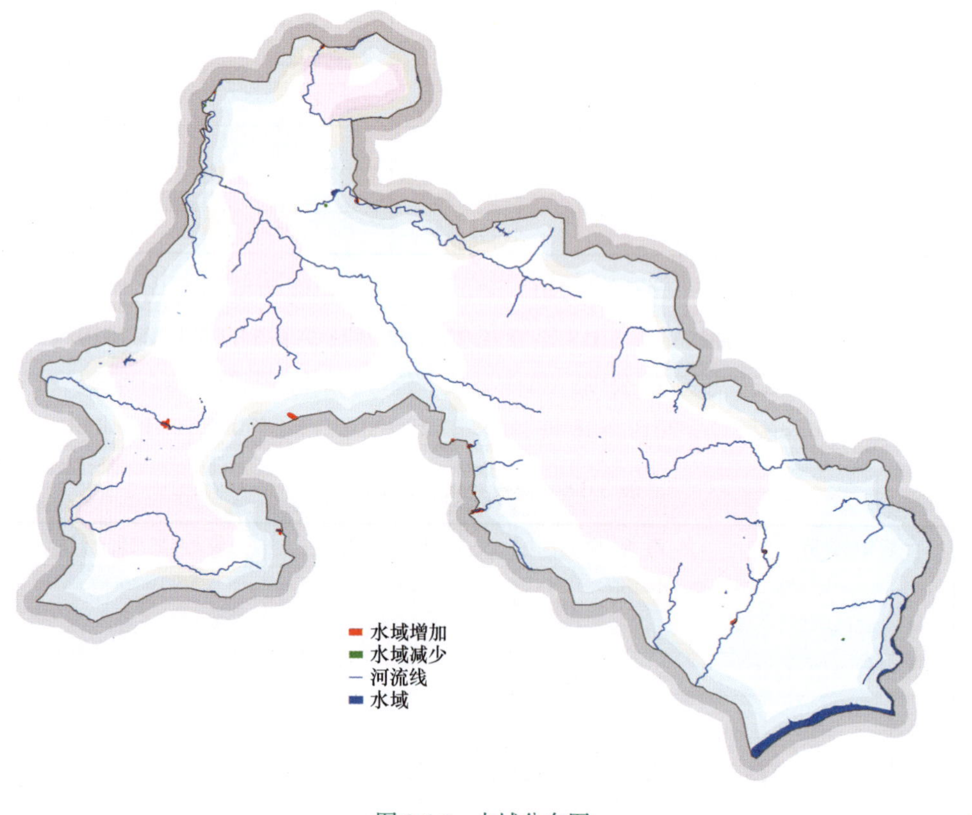

图3.6.6 水域分布图

表 3.6.7 统计的是保护区内 2017—2019 年三个年度的水域（覆盖）变化监测情况，可以看出，2018 年度水域（覆盖）面积较 2017 年度增加了 1.26 公顷，2019 年度水域（覆盖）面积较 2018 年度增加了 4.40 公顷。增加的主要原因是保护区内河流的水位波动。

表 3.6.7　水域（覆盖）变化监测统计表

地表覆盖类别	监 测 年 度	面积 / 公顷	较上年度变化 / 公顷
水域（覆盖）	2017 年	117.80	—
	2018 年	119.06	1.26
	2019 年	123.46	4.40

2. 水体

对保护区内的水体分类型统计结果显示，在不同水体类型中，水库面积最大，占水体面积比例达 71.75%，其次是河流面积，占水体面积比例为 23.67%，坑塘占水体面积比例为 4.58%。保护区范围内河流长度有 103.77 千米，水渠长 2.78 千米，水渠宽度未达到构面标准，未统计水体面积。水体统计如表 3.6.8 所示。

表 3.6.8　水体统计表

水 体 类 型	子 类 型	长度 / 千米	面积 / 公顷
河渠	河流	103.77	29.18
	水渠	2.78	—
湖泊	湖泊	—	—
库塘	水库	—	88.45
	坑塘	—	5.64

3.6.5　荒漠与裸露地

保护区内荒漠与裸露地总面积 17.93 公顷，零星分布，仅占总面积的 0.09%。其中实验区分布最多，缓冲区分布最少。

保护区内按功能分区统计的荒漠与裸露地面积及占比如表 3.6.9 所示。

表 3.6.9　荒漠与裸露地统计表

功 能 分 区	面积 / 公顷	占比 /%
核心区	3.62	0.05
缓冲区	1.92	0.04
实验区	12.39	0.16
保护区全域	17.93	0.09

表 3.6.10 是保护区内 2017—2019 年三个年度的荒漠与裸露地变化监测统计表。可以看出，2018 年度荒漠与裸露地面积较 2017 年度减少了 0.50 公顷，2019 年度荒漠与裸露地面积较 2018 年度减少了 0.02 公顷。总体来说，在监测时间段内荒漠与裸露地面积基本保持不变。

表 3.6.10　荒漠与裸露地变化监测统计表

地表覆盖类别	监测年度	面积 / 公顷	较上年度变化 / 公顷
荒漠与裸露地	2017 年	18.45	—
	2018 年	17.95	–0.50
	2019 年	17.93	–0.02

3.6.6　人工堆掘地

保护区内的人工堆掘地有露天采掘场、建筑工地、其他人工堆掘地三个类型，合计面积占保护区总面积的 0.14%。其中建筑工地占比较大，主要分布在保护区的东南面。

保护区内按功能分区统计的人工堆掘地面积及占比如表 3.6.11 所示。

表 3.6.11　人工堆掘地统计表

功能分区	面积 / 公顷	占比 /%
核心区	0.51	0.01
缓冲区	1.26	0.03
实验区	25.51	0.34
保护区全域	27.28	0.14

表 3.6.12 是保护区内 2017—2019 年三个年度的人工堆掘地变化监测统计表。可以看出，2018 年度人工堆掘地面积较 2017 年度增加了 4.97 公顷，2019 年度人工堆掘地面积较 2018 年度减少了 16.03 公顷。减少区域主要分布在银川—百色高速公路（G69）沿线，由于道路施工完成，人工堆掘地转化为耕地和林地、护坡等，新增区域分布在洛龙—麻尾公路（S205）道路改扩建工程沿线。

表 3.6.12　人工堆掘地变化监测统计表

地表覆盖类别	监测年度	面积 / 公顷	较上年度变化 / 公顷
人工堆掘地	2017 年	38.34	—
	2018 年	43.31	4.97
	2019 年	27.28	–16.03

3.6.7 交通网络

1. 交通里程

按道路等级和类型，对保护区内的道路里程进行统计。

公路按道路国标统计共计 85.44 千米，保护区东南部有银川—百色高速公路（G69）沿保护区边缘通过，统计为国道，里程 10.77 千米；贵阳—阳溪公路（S102）、洛龙—麻尾公路（S205）两条省道分别位于保护区西部和东南部，统计里程 17.10 千米；保护区内还有 25.46 千米县道，32.11 千米乡道。

按道路技术等级统计，高速公路长 10.77 千米，三级公路长 6.82 千米，四级公路长 60.34 千米，等外公路长 7.51 千米。

乡村道路总里程 197.80 千米，包含农村硬化道路和机耕路，分别为 185.43 千米和 12.37 千米。

道路分布如图 3.6.7 所示。

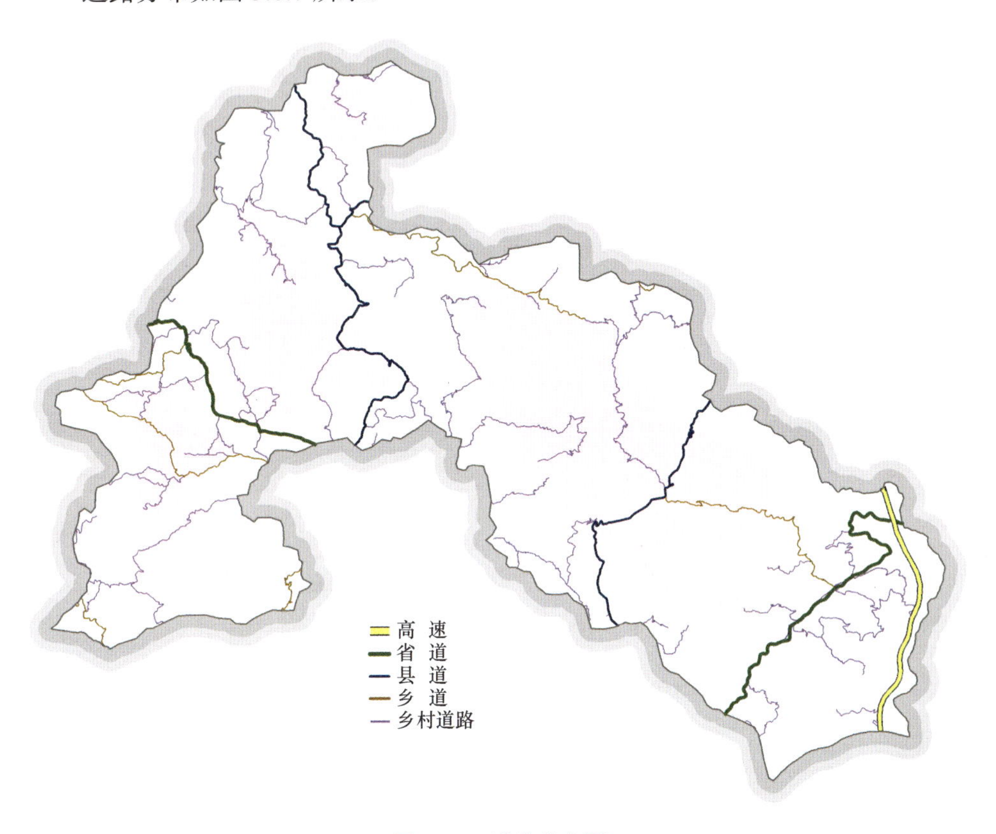

图 3.6.7 道路分布图

表 3.6.13 是保护区内各类型道路里程变化监测统计表。可以看出，2019 年度公路里程较 2017 年度增加了 50.02 千米，2019 年度乡村道路里程较 2017 年度增加了 41.84 千米。在监测时间段内，湄潭县开展了公路改扩建工程，因而公路里程和道路面积有所增加，主要集中在保护区的西南面和东南面。同时，因监测时间段内，贵州省实施了农村“组组通”道路工程，统计数据显示的乡村道路总里程数略有增加。

表 3.6.13　各类型道路里程变化监测统计表

监测年度	铁路里程 / 千米	公路里程 / 千米	城市道路里程 / 千米	乡村道路里程 / 千米
2017 年	—	35.42	—	155.96
2018 年	—	35.27	—	171.19
2019 年	—	85.44	—	197.80

2. 道路面积

保护区道路面积（含公路、乡村道路）共 132.78 公顷，面积仅占整个保护区面积的 0.69%。按占比统计，核心区道路面积占核心区总面积的 0.49%，缓冲区道路面积占缓冲区总面积的 0.63%，实验区道路面积占实验区总面积的 0.92%。道路面积统计如表 3.6.14 所示。

表 3.6.14　道路面积统计表

功能分区	面积 / 公顷	占比 /%
核心区	33.67	0.49
缓冲区	29.24	0.63
实验区	69.87	0.92
保护区全域	132.78	0.69

表 3.6.15 是保护区内 2017—2019 年三个年度的道路面积变化监测统计表，可以看出，2018 年度道路面积较 2017 年度增加了 5.76 公顷，2019 年度道路面积较 2018 年度仅增加了 3.71 公顷。

表 3.6.15　道路面积变化监测统计表

地表覆盖类别	监测年度	面积 / 公顷	较上年度变化 / 公顷
路面	2017 年	123.31	—
	2018 年	129.07	5.76
	2019 年	132.78	3.71

3.6.8　居民地与设施

1. 房屋建筑区

保护区范围内包含部分村落和聚居点，房屋建筑总面积 207.66 公顷，占保护区总面积的 1.09%。其中，低矮房屋建筑区面积最大，占房屋建筑总面积的 72.81%，多层及以上房屋建筑区面积最小，占房屋建筑总面积的 0.05%。

保护区内按功能分区统计的房屋建筑区面积及占比如表 3.6.16 所示，房屋建筑区分布及变化情况如图 3.6.8 所示。

表 3.6.16　房屋建筑区统计表

功 能 分 区	面积 / 公顷	占比 /%
核心区	52.52	0.76
缓冲区	52.81	1.13
实验区	102.33	1.35
保护区全域	207.66	1.09

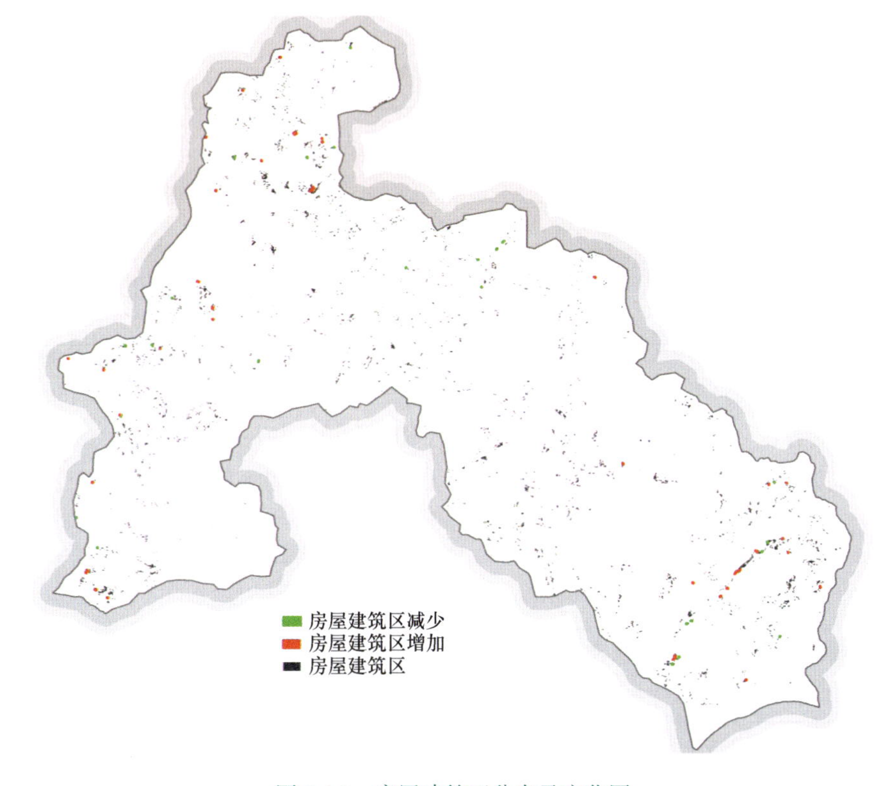

图 3.6.8　房屋建筑区分布及变化图

表3.6.17是保护区内2017—2019年三个年度的房屋建筑区变化监测统计表。可以看出，保护区内的房屋建筑区变化趋势为缓慢增加，2018年度监测面积较2017年度增加了1.29公顷，2019年度监测面积较2018年度增加了0.10公顷，变化不大。

表3.6.17 房屋建筑区变化监测统计表

地表覆盖类别	监 测 年 度	面积 / 公顷	较上年度变化 / 公顷
房屋建筑区	2017年	206.27	—
	2018年	207.56	1.29
	2019年	207.66	0.10

2. 构筑物

保护区内构筑物总面积12.74公顷，分别是硬化地表11.02公顷、温室和大棚1.60公顷、其他构筑物0.12公顷，其中71.66%的构筑物在实验区。

保护区内按功能分区统计的构筑物面积及占比如表3.6.18所示。

表3.6.18 构筑物统计表

功 能 分 区	面积 / 公顷	占比 /%
核心区	1.06	0.02
缓冲区	2.55	0.05
实验区	9.13	0.12
保护区全域	12.74	0.07

表3.6.19是保护区内2017—2019年三个年度的构筑物变化监测统计表。从表中可以看出，构筑物2018年度较2017年度增加了0.52公顷；2019年度较2018年度增加了4.75公顷，增加幅度较大，增加区域集中在银川—百色高速公路（G69）沿线，为公路建设新增的硬化护坡。

表3.6.19 构筑物变化监测统计表

地表覆盖类别	监 测 年 度	面积 / 公顷	较上年度变化 / 公顷
构筑物	2017年	7.47	—
	2018年	7.99	0.52
	2019年	12.74	4.75

3.7 贵州思南四野屯省级自然保护区

3.7.1 保护区概况

2016年6月，贵州省人民政府将贵州思南四野屯自然保护区批准为省级自然保护区。保护区主要保护对象为亚热带常绿阔叶林地带性植被和丰富的地带性植被乔木建群种类，保护区属于35个优先生物多样性保护区域之一，珍稀动植物丰富，保护区境内楠木树种较多，且保存完好，思南也因此被誉为“中国楠木之乡”。

贵州思南四野屯省级自然保护区位于贵州铜仁市思南县河西片区，贵州高原向湘西丘陵过渡的大斜坡地带的北部边缘，武陵山脉与大娄山山脉之间，保护区涉及胡家湾、宽坪、杨家坳3个民族乡，37个行政村，东西长度为22.35千米，南北长度为23.44千米。保护区总面积为17389.64公顷，其中，核心区为5313.69公顷，占总面积的30.56%；缓冲区为4156.55公顷，占总面积的23.90%；实验区为7919.40公顷，占总面积的45.54%。保护区功能分区示意图如图3.7.1所示。

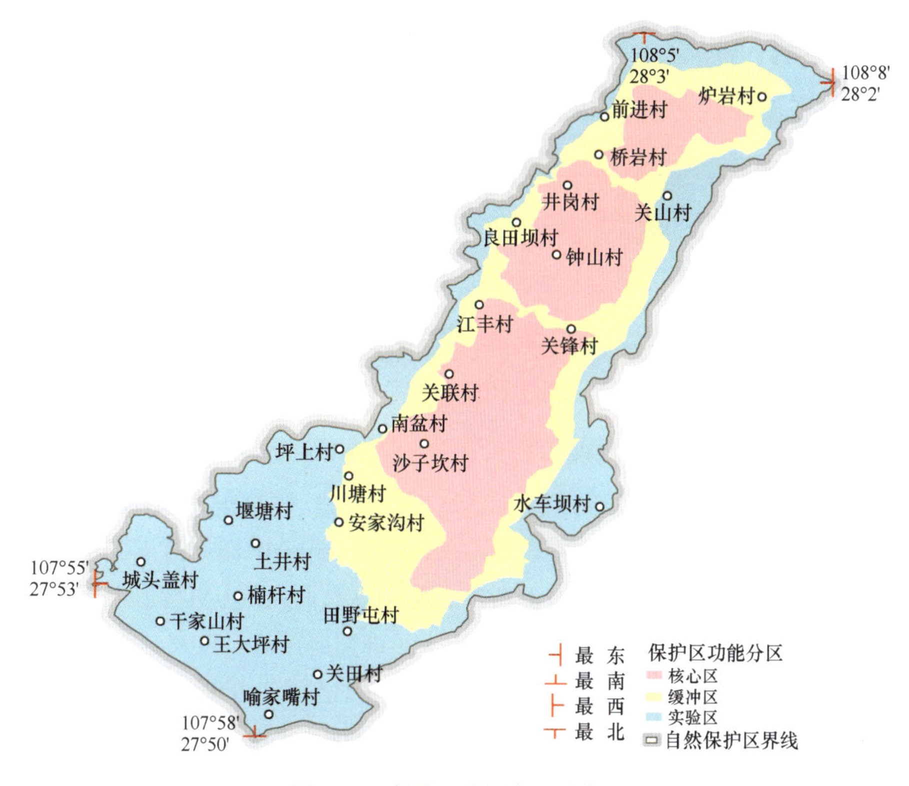

图3.7.1 保护区功能分区示意图

保护区卫星影像图是利用高分一号卫星影像制作的，时相为2020年4月，如图3.7.2所示。

图3.7.2　保护区卫星影像图

保护区范围内分布有种植土地、林草覆盖、房屋建筑区、铁路与道路、构筑物、人工堆掘地、荒漠与裸露地、水域（覆盖）8个一级类。其中，种植土地覆盖面积为5314.41公顷，占总面积的30.56%；林草覆盖面积为11444.81公顷，占总面积的65.81%；房屋建筑区覆盖面积为249.23公顷，占总面积的1.43%；铁路与道路覆盖面积为156.79公顷，占总面积的0.90%；构筑物覆盖面积为21.90公顷，占总面积的0.13%；人工堆掘地覆盖面积为17.36公顷，占总面积的0.10%；荒漠与裸露地覆盖面积为15.67公顷，占总面积的0.09%；水域（覆盖）面积为169.47公顷，占总面积的0.97%。保护区的地表覆盖面积及占比如表3.7.1所示，地表覆盖分布如图3.7.3所示。

表 3.7.1　地表覆盖统计表

地表覆盖类别	面积 / 公顷	占比 /%
种植土地	5314.41	30.56
林草覆盖	11444.81	65.81
房屋建筑区	249.23	1.43
铁路与道路	156.79	0.90
构筑物	21.90	0.13
人工堆掘地	17.36	0.10
荒漠与裸露地	15.67	0.09
水域（覆盖）	169.47	0.98
合计	17389.64	100.00

图 3.7.3　地表覆盖分布图

3.7.2　地形

1. 高程信息

将保护区范围内高程划分为 5 级，保护区总面积 17389.64 公顷，其中，

500～1000米面积为14511.74公顷，占总面积的83.45%。整个保护区范围内高程变化趋势为，总体上从西南向东北逐渐升高。保护区高程分级的面积及占比如表3.7.2所示，高程分级分布如图3.7.4所示。

表3.7.2　高程分级面积及占比统计表

高程分级 / 米	面积 / 公顷	占比 /%
200～500	134.34	0.77
500～800	6632.39	38.14
800～1000	7879.35	45.31
1000～1200	2724.95	15.67
1200～1500	18.61	0.11
合计	17389.64	100

图3.7.4　高程分级分布图

2. 坡度信息

将保护区范围内坡度分为10级。整个保护区范围内，坡度在10°以下的面积为1407.24公顷，占比不超过10%，坡度在15°～25°的面积占总面积比例最大。保护区范围内的平地面积较少，坡度高于 10° 的面积为 15982.40 公顷，占比超过 90%。保护区坡度分级面积及占比如表 3.7.3 所示，坡度分级分布如图 3.7.5 所示。

表 3.7.3　坡度分级面积及占比统计表

坡 度 分 级	面积 / 公顷	占比 /%
0° ～ 2°	82.75	0.48
2° ～ 3°	40.51	0.23
3° ～ 5°	142.03	0.82
5° ～ 6°	125.65	0.72
6° ～ 8°	397.88	2.29
8° ～ 10°	618.42	3.56
10° ～ 15°	2295.82	13.20
15° ～ 25°	5718.75	32.88
25° ～ 35°	5024.46	28.89
≥ 35°	2943.37	16.93
合计	17389.64	100.00

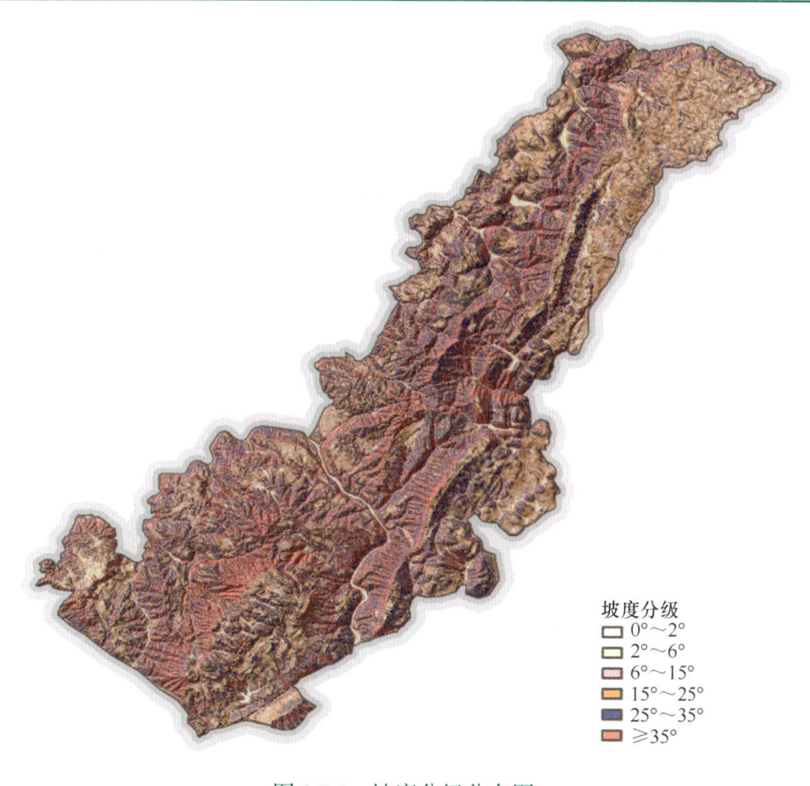

图 3.7.5　坡度分级分布图

3.7.3 植被

保护区植被覆盖面积为16759.22公顷，占保护区总面积的96.37%。保护区内植被包括种植土地、林草覆盖两个大类，林草覆盖面积为11444.81公顷，占植被总面积的68.29%；种植土地面积为5314.41公顷，占植被总面积的31.71%。种植土地包含了耕地与园地，分布在区内地势平坦的地区。植被面积、占比和构成比的统计如表3.7.4所示。

表3.7.4 植被统计表

功能分区	植被覆盖类型	面积/公顷	占比/%	构成比/%
核心区	种植土地	1094.16	20.59	21.11
	林草覆盖	4088.69	76.95	78.89
	合计	5182.85	97.54	100.00
缓冲区	种植土地	1347.25	32.41	33.89
	林草覆盖	2627.90	63.22	66.11
	合计	3975.15	95.63	100.00
实验区	种植土地	2872.99	36.28	37.80
	林草覆盖	4728.23	59.70	62.20
	合计	7601.22	95.98	100.00
保护区全域	种植土地	5314.41	30.56	31.71
	林草覆盖	11444.81	65.81	68.29
	合计	16759.22	96.37	100.00

表3.7.5统计的是保护区内2017—2019年三个年度的植被变化监测情况。从表中可以看出，种植土地2018年度较2017年度减少了34.11公顷，2019年度较2018年度减少了13.47公顷，呈现减少趋势；林草覆盖2018年度较2017年度减少了27.48公顷，2019年度较2018年度减少了12.65公顷，呈现减少趋势。

表3.7.5 植被变化监测统计表

地表覆盖类别	监测年度	面积/公顷	较上年度变化/公顷
种植土地	2017年	5361.99	—
	2018年	5327.88	−34.11
	2019年	5314.41	−13.47
林草覆盖	2017年	11484.94	—
	2018年	11457.46	−27.48
	2019年	11444.81	−12.65

3.7.4　水域

1. 水域（覆盖）

水域（覆盖）总面积为 169.47 公顷，在保护区内分布较为均匀。其中，实验区水域（覆盖）面积为 65.13 公顷，占实验区总面积的 0.82%；缓冲区水域（覆盖）面积为 62.82 公顷，占缓冲区总面积的 1.51%；核心区水域（覆盖）面积为 41.52 公顷，占核心区总面积的 0.78%。水域（覆盖）统计如表 3.7.6 所示，水域分布如图 3.7.6 所示。

表 3.7.6　水域（覆盖）统计表

功 能 分 区	面积 / 公顷	占比 /%
核心区	41.52	0.78
缓冲区	62.82	1.51
实验区	65.13	0.82
保护区全域	169.47	0.98

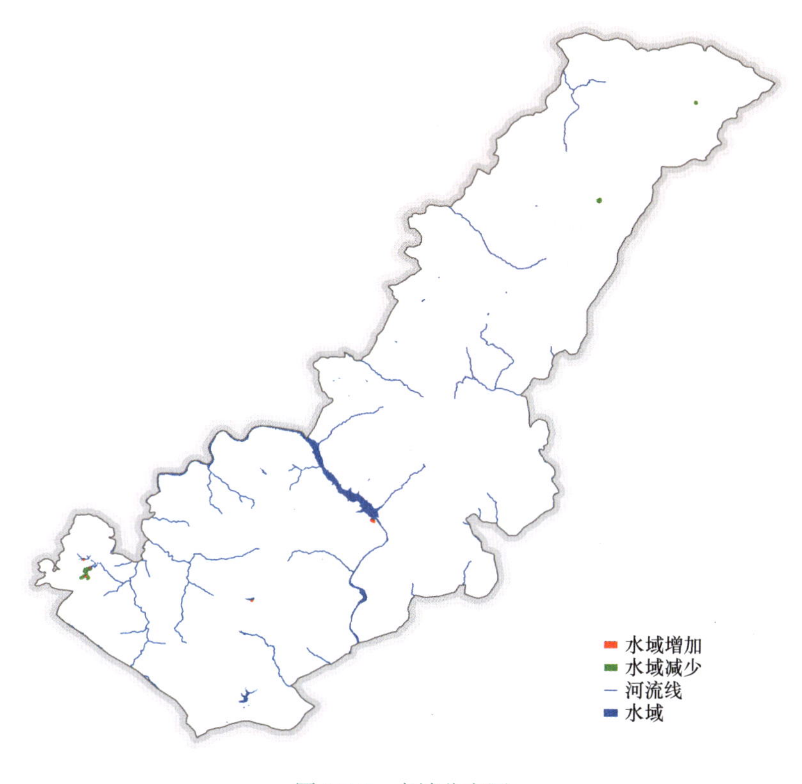

图 3.7.6　水域分布图

表 3.7.7 统计的是保护区内 2017—2019 年三个年度的水域（覆盖）变化监测情况，2018 年度水域（覆盖）面积较 2017 年度增加了 0.54 公顷，2019 年度水域（覆盖）面积较 2018 年度增加了 4.18 公顷。

表 3.7.7 水域（覆盖）变化监测统计表

地表覆盖类别	监 测 年 度	面积 / 公顷	较上年度变化 / 公顷
水域（覆盖）	2017 年	164.75	—
	2018 年	165.29	0.54
	2019 年	169.47	4.18

2. 水体

对保护区内的水体分类型统计结果显示，该保护区内有河流和水库、坑塘，其中，河流面积为 70.24 公顷，水库面积为 105.84 公顷，主要为六池河上的七里塘电站工程，以及道沟屯水库等多座水库；另外，保护区内坑塘面积为 5.37 公顷，没有水渠和湖泊。水体统计如表 3.7.8 所示。

表 3.7.8 水体统计表

水 体 类 型	子 类 型	长度 / 千米	面积 / 公顷
河渠	河流	79.76	70.24
	水渠	—	—
湖泊	湖泊	—	—
库塘	水库	—	105.84
	坑塘	—	5.37

3.7.5 荒漠与裸露地

保护区内的荒漠与裸露地在保护区内占比不大，合计占保护区总面积的 0.09%，全部为泥土地表和砾砂地表。

保护区按功能分区统计的荒漠与裸露地面积及占比如表 3.7.9 所示。

表 3.7.9 荒漠与裸露地统计表

功 能 分 区	面积 / 公顷	占比 /%
核心区	4.90	0.09
缓冲区	9.21	0.22
实验区	1.56	0.02
保护区全域	15.67	0.09

表 3.7.10 是保护区内 2017—2019 年三个年度的荒漠与裸露地变化监测统计表，可以看出，2018 年度荒漠与裸露地面积较 2017 年度增加了 1.80 公顷，2019 年度荒漠与裸露地面积与 2018 年度基本保持稳定。

表 3.7.10　荒漠与裸露地变化监测统计表

地表覆盖类别	监 测 年 度	面积 / 公顷	较上年度变化 / 公顷
荒漠与裸露地	2017 年	13.88	—
	2018 年	15.68	1.80
	2019 年	15.67	–0.01

3.7.6　人工堆掘地

保护区内的人工堆掘地有露天采掘场、建筑工地、道路建筑工地、其他建筑工地和其他人工堆掘地几个类型，合计面积占保护区总面积的 0.10%，其中露天采掘场占保护区总面积的 0.05%，主要分布在保护区的西北部、中部和西南部。

保护区内按功能分区统计的人工堆掘地面积及占比如表 3.7.11 所示。

表 3.7.11　人工堆掘地统计表

功 能 分 区	面积 / 公顷	占比 /%
核心区	5.81	0.11
缓冲区	4.92	0.12
实验区	6.63	0.08
保护区全域	17.36	0.10

表 3.7.12 是保护区内 2017—2019 年三个年度的人工堆掘地变化监测统计表，可以看出，2018 年度人工堆掘地面积较上年度增加了 6.67 公顷，2019 年度人工堆掘地面积较 2018 年度减少了 0.23 公顷，总体呈现增加趋势。

表 3.7.12　人工堆掘地变化监测统计表

地表覆盖类别	监 测 年 度	面积 / 公顷	较上年度变化 / 公顷
人工堆掘地	2017 年	10.92	—
	2018 年	17.59	6.67
	2019 年	17.36	–0.23

3.7.7　交通网络

1. 交通里程

按道路等级和类型，对保护区内的道路里程进行统计。

公路共计135.49千米，按道路国标统计，促水—佳荣公路（S204）沿保护区边缘通过，统计为省道，里程2.34千米；县道长66.24千米，包括张家寨—复兴公路（X620）、张家寨—九道拐公路（X040）、许家坝—宽坪公路（X6G5）、杨家坳—高庄寺公路（X6I2）及青杠坡—永和公路（X041）；乡道长64.96千米，专用公路1.95千米。

保护区内乡村道路总里程197.60千米，包含农村硬化道路和机耕路，长度分别为58.85千米和138.75千米。

按道路技术等级统计，三级公路长2.34千米，四级公路长121.64千米，等外公路长11.51千米。

道路分布如图3.7.7所示。

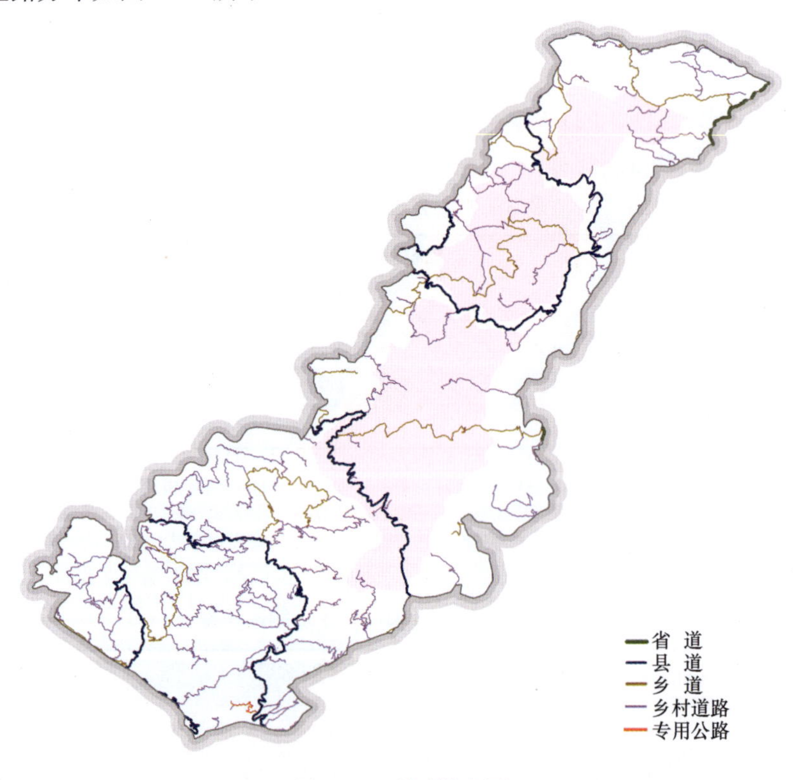

图3.7.7　道路分布图

表3.7.13是保护区内2017—2019年三个年度各类型道路里程变化监测统计表。保护区内公路里程增加了84.88千米，乡村道路呈先增加后减少的趋势，是因为在监测时间段内，思南县大力建设农村“组组通”道路工程，同时部分乡村道路改扩建为公路。

表 3.7.13　各类型道路里程变化监测统计表

监 测 年 度	铁路里程 / 千米	公路里程 / 千米	城市道路里程 / 千米	乡村道路里程 / 千米
2017 年	—	50.61	—	211.35
2018 年	—	50.64	—	242.17
2019 年	—	135.49	—	197.60

2. 道路面积

保护区道路面积（含公路、乡村道路）共 156.79 公顷，面积仅占整个保护区面积的 0.90%。按占比统计，核心区道路面积占核心区总面积的 0.60%，缓冲区道路面积占缓冲区总面积的 1.02%，实验区道路面积占实验区总面积的 1.04%。道路面积统计如表 3.7.14 所示。

表 3.7.14　道路面积统计表

功 能 分 区	面积 / 公顷	占比 /%
核心区	31.65	0.60
缓冲区	42.46	1.02
实验区	82.68	1.04
保护区全域	156.79	0.90

表 3.7.15 是保护区内 2017—2019 年三个年度的道路面积变化监测统计表。可以看出，2018 年度道路面积较 2017 年度增加了 31.85 公顷，2019 年度道路面积较 2018 年度增加了 17.01 公顷，道路面积呈现增加趋势。

表 3.7.15　道路面积变化监测统计表

地表覆盖类别	监 测 年 度	面积 / 公顷	较上年度变化 / 公顷
路面	2017 年	107.93	—
	2018 年	139.78	31.85
	2019 年	156.79	17.01

3.7.8　居民地与设施

1. 房屋建筑区

保护区房屋建筑区总面积 249.23 公顷，面积占保护区总面积的 1.43%。其中多数房屋为高密度低矮房屋建筑区，占保护区总面积的 1.16%。按占比统计，核心区房屋建筑区面积占核心区总面积的 0.82%，缓冲区房屋建筑区面积占缓冲区总面积的 1.30%，实验区房屋建筑区面积占实验区总面积的 1.91%。

保护区内按功能分区统计的房屋建筑区面积及占比如表 3.7.16 所示，房屋建筑区分布及变化情况如图 3.7.8 所示。

表 3.7.16　房屋建筑区统计表

功 能 分 区	面积 / 公顷	占比 /%
核心区	43.60	0.82
缓冲区	54.18	1.30
实验区	151.45	1.91
保护区全域	249.23	1.43

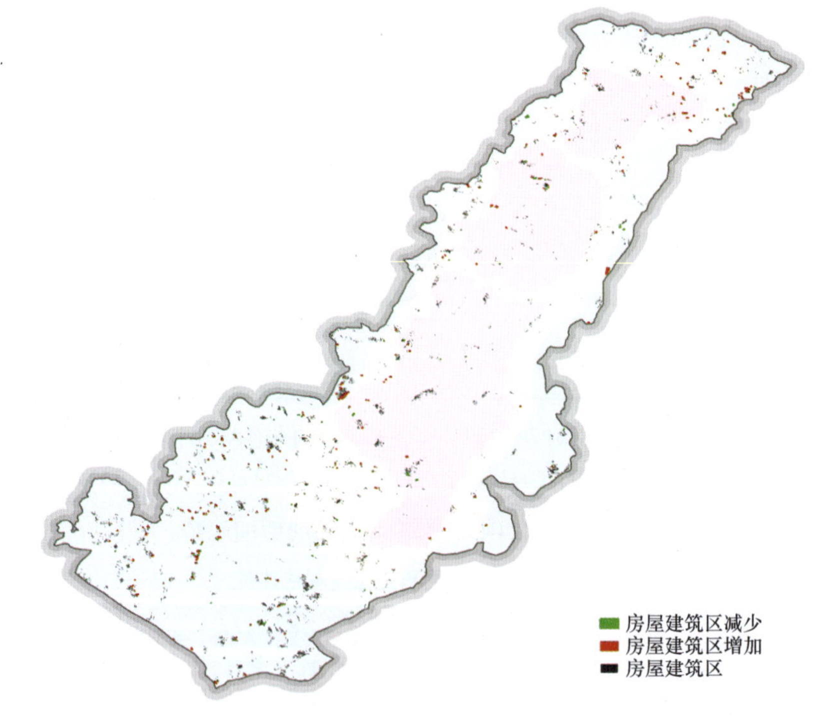

图 3.7.8　房屋建筑区分布及变化图

表 3.7.17 所示为保护区内 2017—2019 年三个年度的房屋建筑区变化监测统计表，可以看出，保护区内的房屋建筑区面积逐年增加，2018 年度较 2017 年度增加了 7.66 公顷，2019 年度较 2018 年度增加了 3.05 公顷。

表 3.7.17　房屋建筑区变化监测统计表

地表覆盖类别	监 测 年 度	面积 / 公顷	较上年度变化 / 公顷
房屋建筑区	2017 年	238.52	—
	2018 年	246.18	7.66
	2019 年	249.23	3.05

2. 构筑物

保护区内构筑物总面积 21.90 公顷，其中，包括场院、露天堆放场和碾压踩踏地表等在内的硬化地表有 10.19 公顷，水工设施有 1.67 公顷，温室、大棚有 10.04 公顷。

保护区内按功能分区统计的构筑物面积及占比如表 3.7.18 所示。

表 3.7.18　构筑物统计表

功能分区	面积 / 公顷	占比 /%
核心区	3.37	0.06
缓冲区	7.81	0.19
实验区	10.72	0.14
保护区全域	21.90	0.13

表 3.7.19 是保护区内 2017—2019 年三个年度的构筑物变化监测统计表，从表中可以看出，构筑物面积 2018 年度较 2017 年度增加了 13.07 公顷，2019 年度较 2018 年度增加了 2.12 公顷。

表 3.7.19　构筑物变化监测统计表

地表覆盖类别	监测年度	面积 / 公顷	较上年度变化 / 公顷
构筑物	2017 年	6.71	—
	2018 年	19.78	13.07
	2019 年	21.90	2.12

第4章 结束语

自然保护区主管部门及环保部门在以往的工作中，通常从生物多样性资源、生物景观资源、人类活动等角度对保护区进行监测和研究。本书基于基础性地理国情监测体系，对贵州省境内的国家级和省级自然保护区土地资源，重要地理国情要素进行了监测、统计、分析，并以文字结合图表的形式，以保护区为单元，统计和展示了地形、种植土地、林草覆盖、水域、荒漠与裸露地、人工堆掘地、交通网络、居民地与设施等地理国情普查及监测要素的基本情况。

地理国情监测体系与同期开展的第三次全国国土调查同属于自然资源调查的范畴，但是其指标体系上有所区别，采用地理国情监测体系作为自然保护区现状监测指标体系更合理。

限于篇幅与资料情况，本书仅展示了贵州省境内部分国家级和省级自然保护区的土地资源监测成果。同时，因为遥感影像的空间分辨率及时相等的限制，在符合监测规范的前提下，部分区域监测的详细程度和变化更新情况有所不同。

在地理国情监测成果应用方面，本书所做的工作在自然保护区资源监测上有一定的片面性，在不同的保护区，造成地类统计变化的原因有季节性变化、人工活动等多样性。其他各主管部门也在开展一系列监测，旨在共同为生态文明建设助力。客观上，不同的监测体系下，受限于指标和标准、调查监测技术体系的区别，统计数字不能一一对照。不同的监测结果可以作为互相印证，我们也希望本书能在自然保护区管理部门综合决策中，在服务自然保护区生态环境变化监测等方面提供帮助。

由于我们的水平和能力所限，本书中不足和不妥之处在所难免，敬希读者和相关专家不吝赐教，谨此预致谢忱！

反侵权盗版声明

举报电话：（010）88254396；（010）88258888

传　　真：（010）88254397

E-mail：　dbqq@phei.com.cn

通信地址：北京市万寿路 173 信箱

　　　　　电子工业出版社总编办公室

邮　　编：100036